中等职业教育计算机专业系列教材

CHANGYONG GONGJU RUANJIAN

常用工具软件

■ 主编 何珊

重庆大学出版社

图书在版编目(CIP)数据

常用工具软件 / 何珊主编. --重庆:重庆大学出版社,2019.6(2022.12 重印)

中等职业教育计算机专业系列教材

ISBN 978-7-5689-1592-2

Ⅰ.①常… Ⅱ.①何… Ⅲ.①软件工具—中等专业学校—教材 Ⅳ.①TP311.56

中国版本图书馆 CIP 数据核字(2019)第 103736 号

中等职业教育计算机专业系列教材

常用工具软件

主 编 何 珊

责任编辑:章 可 版式设计:章 可

责任校对:刘 刚 责任印制:赵 晟

*

重庆大学出版社出版发行

出版人:饶帮华

社址:重庆市沙坪坝区大学城西路 21 号

邮编:401331

电话:(023) 88617190 88617185(中小学)

传真:(023) 88617186 88617166

网址:http://www.cqup.com.cn

邮箱:fxk@cqup.com.cn (营销中心)

全国新华书店经销

重庆市正前方彩色印刷有限公司印刷

*

开本:787mm×1092mm 1/16 印张:7.75 字数:174 千

2019 年 7 月第 1 版 2022 年 12 月第 2 次印刷

ISBN 978-7-5689-1592-2 定价:20.00 元

当今社会已步入信息时代，人们日常的工作和生活都离不开计算机。学生不仅要会使用计算机操作系统，还要会在实际工作和学习中根据自己的需求使用相应的工具软件。为了帮助学生使用计算机工具软件完成相应的工作和学习，编者精心组织并编写了这本教材。

由于新款、新版本软件的不断出现，为此在本书中力求讲解同类软件的共性，以便本书的内容能适应现代软件发展的需要，使学生学习后能够举一反三。

本书在编写过程中注重教学与实践相结合，突出对学生能力的培养，兼顾与其他课程教材的互补，选择了有代表性的常用工具软件，具体内容如下：

模块一：主要介绍安全防护软件，包含了杀毒软件、计算机管理软件、Windows 防火墙、加密软件的选择与使用。

模块二：主要介绍系统工具软件，包含了硬件检测软件与驱动软件、系统备份与还原软件、系统 U 盘制作软件、虚拟机软件的选择与使用。

模块三：主要介绍办公软件，包含了电子邮箱、文档处理软件、阅读软件、下载软件、文件恢复软件的选择与使用。

模块四：主要介绍图形图像软件，包含了看图软件、图像处理软件、截图软件的选择与使用。

模块五：主要介绍音视频编辑软件，包含了格式转换软件、视频播放软件、视频编辑软件、语音朗读软件与变声软件的选择与使用。

模块六：主要介绍网络应用软件与手机软件，包含了在线视频软件、即时通信软件、浏览器软件、音乐软件、云盘存储软件、手机常用软件的选择与使用。

本书在编写风格上力求文字简练、图文并茂，并配有相应的教案、课件。

由于编者水平有限，疏漏在所难免，敬请广大读者批评指正，邮箱：823316519@qq.com。

编　者

2019 年 3 月

CHANGYONG GONGJU
RUANJIAN

MULU

目录

模块一 / 安全防护软件

模块二 / 系统工具软件

模块三 / 办公软件

模块四 / 图形图像软件

模块五 / 音视频编辑软件

模块六 / 网络应用软件与手机软件

模块一

安全防护软件

随着互联网技术的快速发展，计算机在人们的工作、生活中被广泛使用，也成了人们的个人资料及工作文件等重要信息的储存设备。然而很多不法分子企图利用病毒程序非法盗取他人的信息资源，破坏计算机的正常使用，因此安全防护软件成为计算机不可或缺的一项防范措施。

[任务一]

NO.1

认识杀毒软件

计算机在使用过程中，会接收并处理大量的文件资源，为了防止文件中携带的病毒侵入计算机，感染并盗取计算机中的资源，可以使用杀毒软件对计算机进行实时防护，随时对计算机中的文件进行扫描，找出感染病毒的文件并对其进行处理。

通过本任务的学习，你将能够：

- 了解杀毒软件的主要功能；
- 了解杀毒软件对感染病毒文件的处理方式；
- 认识云安全计划与宏病毒；
- 认识常见的杀毒软件；
- 掌握360杀毒软件的操作方法。

想一想

(1)你认为杀毒软件有哪些功能？请勾画出来。

□清除病毒　□对抗病毒　□隔离病毒

□不处理病毒　□保护病毒　□预防病毒

(2)通过网络查阅资料，写出几款常见杀毒软件的名称。

____

活动一　了解杀毒软件的主要功能及对感染病毒文件的处理方式

1.杀毒软件的主要功能

杀毒软件是一种应用软件，它可以对其病毒库中已知的病毒程序代码进行清除、隔离。其主要功能如下：

• 病毒扫描　杀毒软件对计算机内存和全部磁盘文件系统进行完整扫描，找出非法侵入并驻留系统的病毒文件。以360杀毒软件为例，其具有全盘扫描、快速扫描和自定义扫描3种病毒扫描方式，如图1-1所示。

图 1-1

• 实时防护　在计算机文件被访问时，杀毒软件对文件进行扫描，及时拦截被激活的病毒，防止系统敏感区域被病毒侵入；在发现病毒时还会及时通过提示窗口提醒用户对病毒进行处理。以 360 杀毒软件为例，其实时防护功能的开启界面如图 1-2 所示。

360杀毒已保护您的系统
0001 天
打开360杀毒主界面
设置
文件系统实时防护　已开启
文件系统防护提示　已开启
快速扫描
全盘扫描
宏病毒扫描
常用工具
开启免打扰模式
检查更新
退出

图 1-2

2. 杀毒软件对感染病毒文件的处理方式

杀毒软件对感染病毒文件的处理方式通常有以下几种：

• 清除　清除文件中的病毒代码，清除病毒后文件恢复正常。

• 删除　文件被病毒感染后，自身成为病毒，文件不能使用，只能直接删除。

• 禁止访问　杀毒软件在发现文件被病毒感染后，用户如果选择不处理，杀毒软件会将该文件设置为禁止访问，用户打开该文件时会弹出错误提示对话框。

• 隔离　感染病毒的文件在清除病毒后将会被转移到隔离区，在隔离区的文件不能运行，只有在恢复到正常存储位置后，才能再次运行。用户可以从隔离区找回消除病毒后的文件。

• 不处理　如果系统暂时不确定文件是否感染病毒，可以先不处理。

活动二　认识云安全计划与宏病毒

1.云安全计划

云安全(Cloud Security)计划是网络时代信息安全的最新体现,它融合了并行处理、网络计算、未知病毒行为判断等新兴技术和概念,针对计算机网络中出现的病毒进行查杀,通过网络,及时检测异常行为,获取互联网中病毒的最新信息,送到服务端进行自动分析和处理,及时记录、整理查杀病毒的数据,再将解决方案返回给客户端,防止了病毒给计算机网络带来的巨大风险及损失。

2.宏病毒

宏病毒是一种寄存在文档或模板的宏中的计算机病毒。一旦打开包含宏病毒的文档,其中的宏就会被执行,于是宏病毒就被激活,转移到计算机上,并驻留在 Normal 模板上。之后,所有自动保存的文档都会感染上这种宏病毒,而且如果其他用户打开了感染病毒的文档,宏病毒又会转移到其他的计算机上。

特洛伊木马

知识拓展

请扫描二维码了解特洛伊木马的故事。

做一做

通过网络查阅世界上知名的木马病毒,写出它们的名称和出现年份。

木马病毒名称	出现年份

活动三　认识常见的杀毒软件

1.360 杀毒软件

360 杀毒软件是一款由奇虎 360 公司出品的免费杀毒软件,适合中低端计算机使用。360 杀毒软件整合了国际知名杀毒软件 BitDefender 的病毒查杀引擎、Avira 的病毒查杀引擎、360QVM 人工智能引擎、360 系统修复引擎以及 360 安全中心潜心研发的云查杀引擎,360 杀毒软件的主界面如图 1-1 所示。

2.金山毒霸

金山毒霸是金山网络公司研发的云安全智扫反病毒软件。金山毒霸具有病毒防火墙实时监控、压缩文件查毒、查杀电子邮件病毒等功能,采用内存杀毒技术,杀毒能力在国内同类型杀毒软件中名列前茅。金山毒霸杀毒软件的主界面如图 1-3 所示。

图 1-3

3.卡巴斯基杀毒软件

卡巴斯基杀毒软件是一款来自俄罗斯的杀毒软件。该软件能够保护个人计算机、工作站、邮件系统和文件服务器以及网关。其拥有全球顶尖的扫描引擎技术,对病毒的检出率高,对新病毒的响应快,反病毒数据库常规升级速度快,还具有较高的主动防御功能,但是有占用内存大、扫描时间长、误杀率较高等系统设计方面的问题。用户在使用过程中还会遇到激活码非正常失效、邮件无法阅读或下载以及与其他杀毒软件之间存在冲突等问题。卡巴斯基杀毒软件免费版的主界面如图 1-4 所示。

图 1-4

做一做

(1)通过网络了解小红伞杀毒软件、McAfee(迈克菲)杀毒软件、AVG 杀毒软件,以及其他杀毒软件,完成以下表格的填写。

杀毒软件的名称	厂商	是否免费	主要功能	主要特点
小红伞杀毒软件				
McAfee 杀毒软件				
AVG 杀毒软件				

(2)观看教师使用 360 杀毒软件的操作演示,再根据下图的提示,将 360 杀毒软件的主要功能写出来。

<table>
<tr><td></td><td>功能 1：</td></tr>
<tr><td> </td><td>功能 2：</td></tr>
</table>

360 杀毒软件

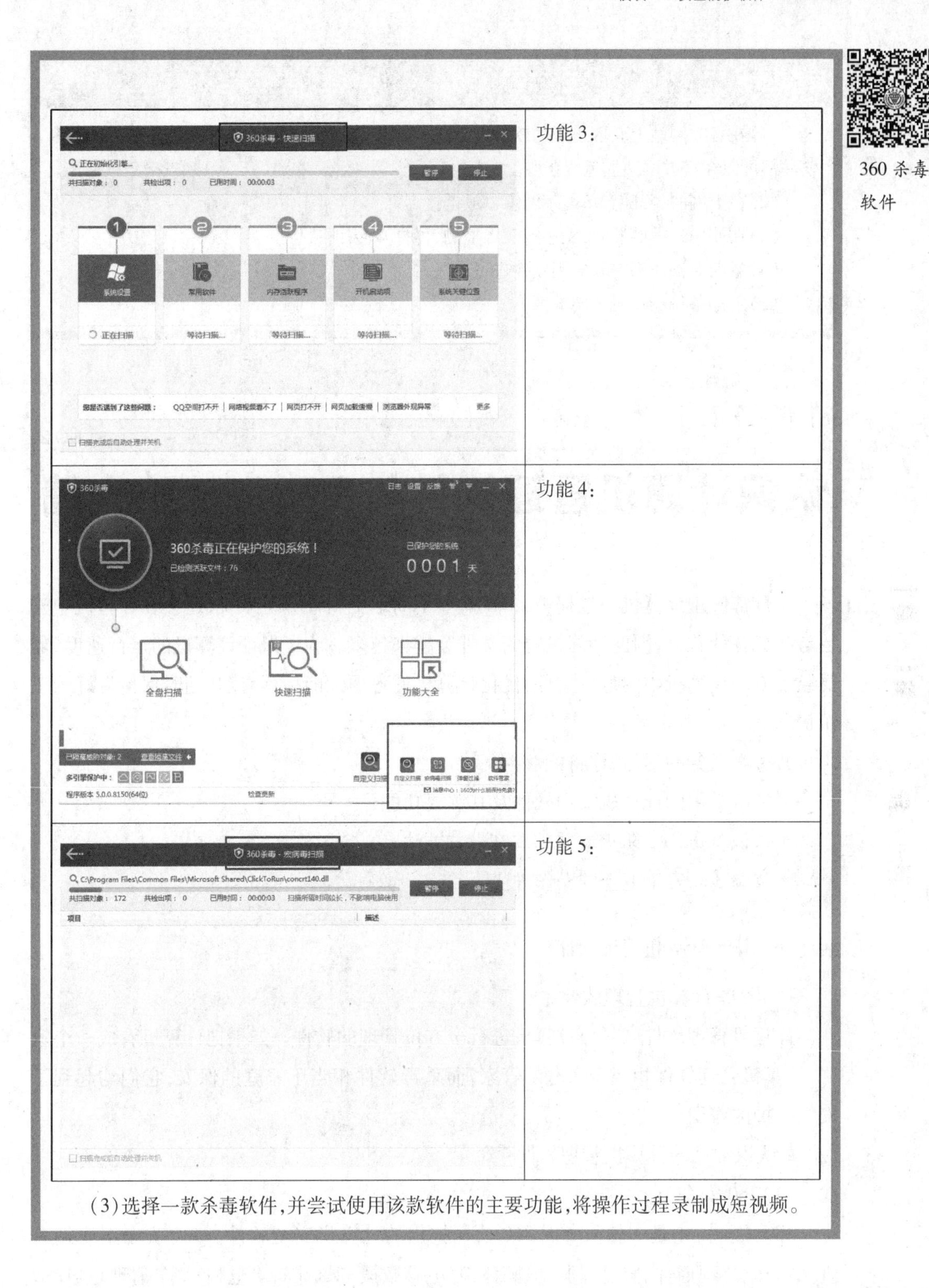

	功能 3：
	功能 4：
	功能 5：

（3）选择一款杀毒软件，并尝试使用该款软件的主要功能，将操作过程录制成短视频。

友情提示

(1)在官方网站上获取正版的软件安装包。如果是付费软件,则先购买,后使用。许多软件都可以在官方网站上免费获取。

(2)在上网时,不随意单击不明窗口或链接。

(3)在使用外存储器时,先进行病毒检测,再打开使用。

(4)定期对操作系统和应用软件进行升级。

(5)定期备份计算机中的数据。

[任务二]

NO.2

认识计算机管理软件与 Windows 防火墙

在日常使用计算机的过程中,不仅需要不断地更新计算机系统,还会在计算机中安装与卸载各种软件,因此计算机中的文件会越来越多。为了保证计算机的运行速度,需要经常清理计算机中的垃圾文件,优化计算机的各项性能指标,让其随时保持良好的工作状态。

通过本任务的学习,你将能够:

- 了解常用的计算机管理软件及其主要功能;
- 认识 Windows 防火墙并掌握其设置方法;
- 掌握 360 安全卫士的操作方法。

活动一　认识计算机管理软件

1.什么是计算机管理软件

计算机管理软件就是对计算机进行全方位管理的软件。如果把计算机看成一个家庭,计算机管理软件相当于家庭的管家,而杀毒软件相当于家庭的保安,它们均起到了安全防护的作用。

2.认识常见的计算机管理软件

(1)360 安全卫士

360 安全卫士是一款由奇虎 360 公司推出的计算机安全软件。360 安全卫士拥有查杀木马、清理插件、修复漏洞、电脑体检、电脑救援、保护隐私、电脑专家、清理垃圾、清理痕迹等多种功能。360 安全卫士独创了木马防火墙、360 密盘等功能,依靠抢先侦测和云端鉴别,全面、智能地拦截各类木马,保护用户的信息安全。360 安全卫士的主界面如图 1-5 所示。

图 1-5

(2)腾讯电脑管家

腾讯电脑管家(原名 QQ 电脑管家)是腾讯公司推出的免费安全软件。腾讯电脑管家拥有云查杀木马、系统加速、漏洞修复、实时防护、网速保护、电脑诊所、健康小助手、桌面整理、文档保护等功能。其中,最近文档功能的使用方法如下:在 PC 端,用户可以在“最近文档”窗格中查询并打开最近 30 天内新建的、本地已有的、接收的、浏览器下载的所有磁盘路径下的文档;而在手机端,用户只要绑定“最近文档随身”小程序,就能将计算机中的最近文档传输到手机微信小程序中,方便随时随地查看、分享、使用文档。腾讯电脑管家的主界面如图 1-6 所示。

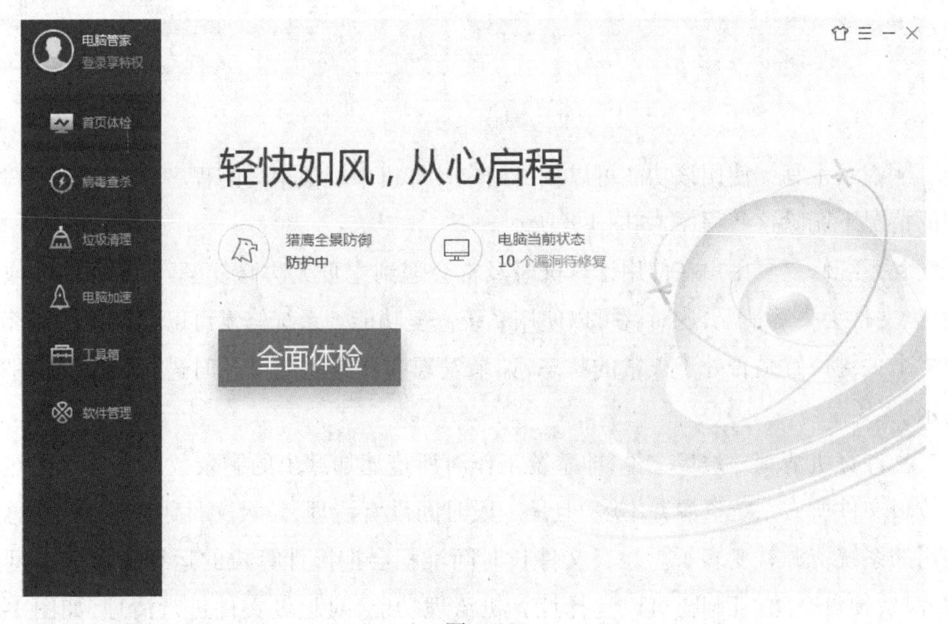

图 1-6

友情提示

在默认情况下，计算机管理软件在计算机桌面上会显示一个加速球，这个加速球有时会影响到用户的操作，这时可以右击加速球，在快捷菜单中选择关闭加速球。

360 安全卫士的操作

3.计算机管理软件的主要功能

下面以 360 安全卫士为例介绍计算机管理软件的主要功能。

• 电脑体检　使用该功能可以全面检查用户计算机的各项情况，并会提交一份优化计算机的建议供用户选择，用户可以根据需要自行设置计算机的优化内容，也可以选择"一键修复"让软件自动完成，如图 1-7 所示。

图 1-7

• 查杀木马　使用该功能可以找出用户计算机中疑似木马的程序并在取得用户允许的情况下删除这些程序，如图 1-8 所示。

• 系统修复　用户在使用计算机时经常会遇到主页无法修复、桌面图标消失或有阴影、文件丢失等情况，这时就可以使用系统修复功能。系统修复可以检查用户计算机中多个关键位置是否处于正常的状态，如果发现漏洞或问题可及时进行修复，如图1-9 所示。

• 计算机清理　垃圾文件，即系统工作时所过滤加载出的剩余数据文件。虽然每个垃圾文件所占系统资源并不多，但是一段时间没有清理，垃圾文件越来越多，其总共占用的系统资源就变多了。垃圾文件长时间堆积会拖慢计算机的运行速度和上网速度，浪费硬盘空间。因此，可以选择计算机清理功能，对垃圾文件进行清理，如图 1-10 所示。

图 1-8

图 1-9

• 优化加速　通过优化加速功能可智能分析用户的计算机系统，提出合适的优化方案，从而提高计算机的运行速度，如图 1-11 所示。

活动二　认识 Windows 防火墙

防火墙是协助确保信息安全的设备或程序，会依照特定的规则，允许或是限制传输的数据通过。防火墙可以是一台专属的硬件，也可以是安装在一般硬件上的一套软件。

图 1-10

图 1-11

Windows 防火墙顾名思义就是 Windows 操作系统中自带的软件防火墙。在默认情况下，防火墙都是开启的。用 Internet Explorer、Outlook Express 等系统自带的程序进行网络连接，防火墙是默认不干预的。

开启 Windows 防火墙可能会导致一些功能无法正常使用。例如，局域网用户文件共享/打印机共享。

开启 Windows 防火墙后，每次用户的计算机使用新的应用程序与 Internet 连接时，系统就会弹出提示，询问用户是否允许其连接网络。

做一做

设置 Windows 防火墙

（1）观看教师设置 Windows 防火墙的操作演示，再根据提示，将设置 Windows 防火墙的操作步骤写下来。

操作中心 检查计算机的状态并解决问题 | 更改用户帐户控制设置 | 常见计算机问题疑难解答 | 将计算机还原到一个较早的时间点 Windows 防火墙 检查防火墙状态 | 允许程序通过 Windows 防火墙 系统 查看 RAM 的大小和处理器速度 | 检查 Windows 体验指数 | 允许远程访问 | 查看该计算机的名称 | 设备管理器 Windows Update 启用或禁用自动更新 | 检查更新 | 查看已安装的更新 电源选项 唤醒计算机时需要密码 | 更改电源按钮的功能 | 更改计算机睡眠时间 备份和还原 备份您的计算机 | 从备份还原文件 BitLocker 驱动器加密 通过加密磁盘上的数据保护计算机 | 管理 BitLocker 管理工具 释放磁盘空间 | 对硬盘进行碎片整理 | 创建并格式化硬盘分区 | 查看事件日志 | 计划任务	第 1 步：
使用 Windows 防火墙来帮助保护您的计算机 Windows 防火墙有助于防止黑客或恶意软件通过 Internet 或网络访问您的计算机。 防火墙如何帮助保护计算机? 什么是网络位置? 家庭或工作(专用)网络(O)　未连接 公用网络(P)　已连接 公共场所(例如机场或咖啡店)中的网络 Windows 防火墙状态：　启用 传入连接：　阻止所有与未在允许程序列表中的程序的连接 活动的公用网络：　网络 2 通知状态：　Windows 防火墙阻止新程序时通知我	第 2 步：
允许程序通过 Windows 防火墙通信 若要添加、更改或删除所有允许的程序和端口，请单击"更改设置"。 允许程序通信有哪些风险?　更改设置(N) 允许的程序和功能(A): 名称　家庭/工作(专用)　公用 iSCSI 服务 Netlogon 服务 QQBrowser QQBrowser QQBrowserBugReport QQMusic QQMusicExternal QQMusicService QQMusicUp SNMP Trap tadb 详细信息(L)...　删除(M) 允许运行另一程序(R)...	第 3 步：
自定义每种类型的网络的设置 您可以修改您所使用的每种类型的网络位置的防火墙设置。 什么是网络位置? 家庭或工作(专用)网络位置设置 启用 Windows 防火墙 阻止所有传入连接，包括位于允许程序列表中的程序 Windows 防火墙阻止新程序时通知我 关闭 Windows 防火墙(不推荐) 公用网络位置设置 启用 Windows 防火墙 阻止所有传入连接，包括位于允许程序列表中的程序 Windows 防火墙阻止新程序时通知我 关闭 Windows 防火墙(不推荐)	第 4 步：

还原默认设置 还原默认设置将删除您已为所有网络位置配置的所有 Windows 防火墙设置。这可能导致某些程序停止工作。 还原默认设置(R)	第 5 步：
	第 6 步：

(2)根据表格中的图片，写出对应的功能及操作步骤。

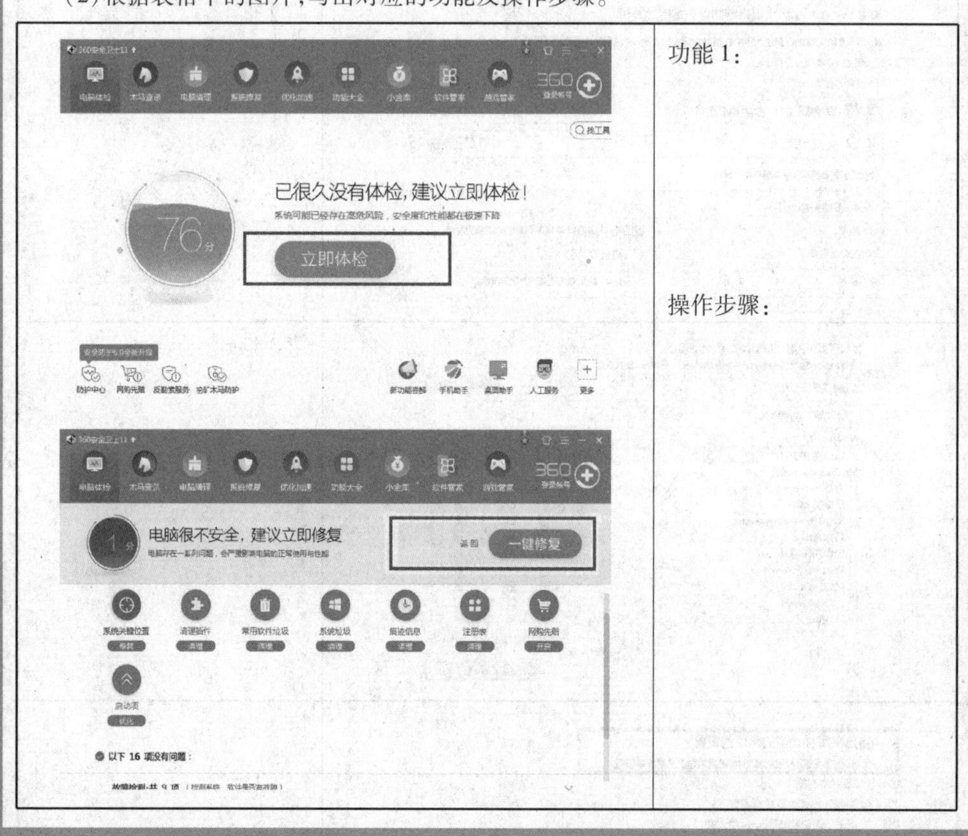	功能 1： 操作步骤：

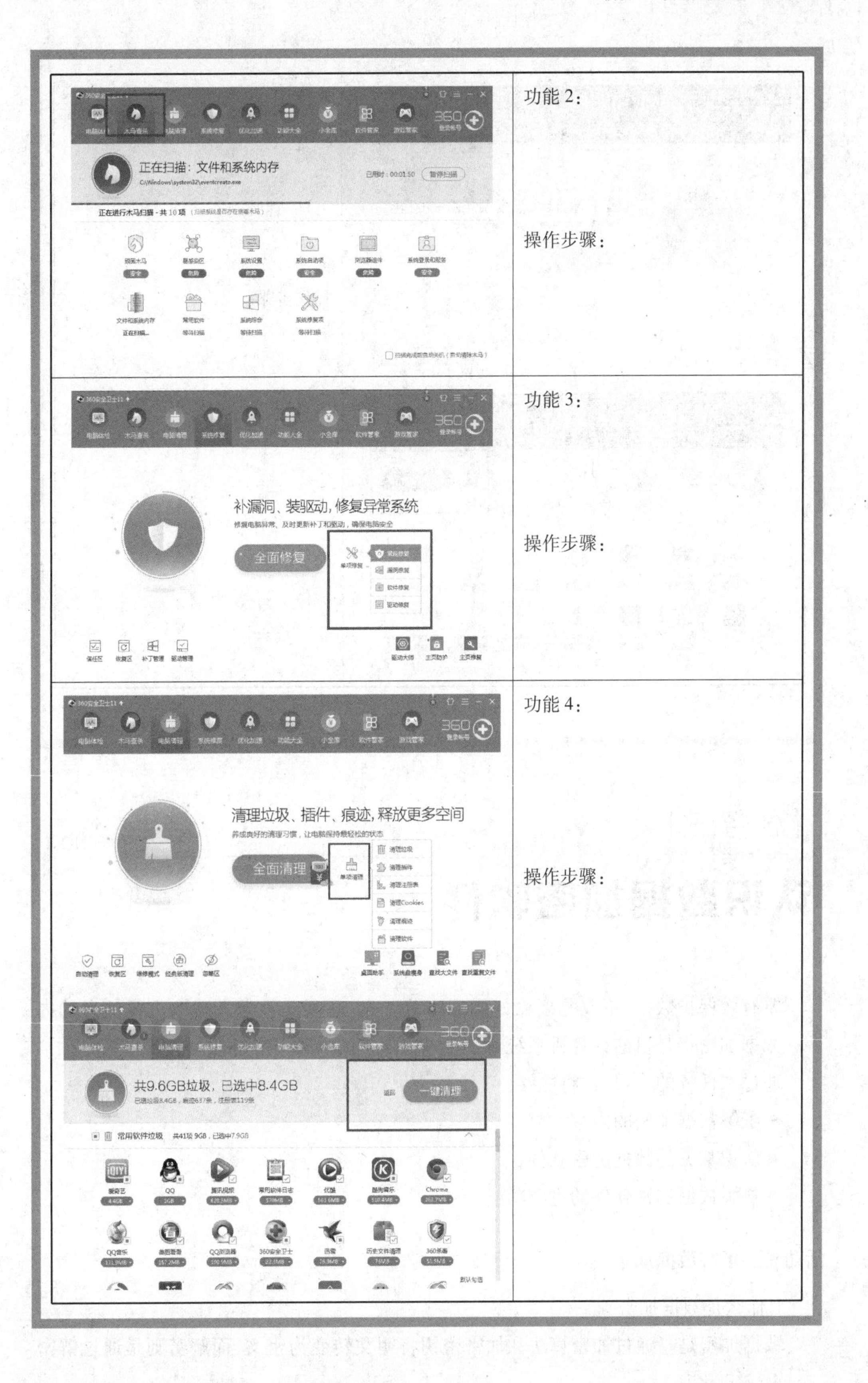

功能 2：

操作步骤：

功能 3：

操作步骤：

功能 4：

操作步骤：

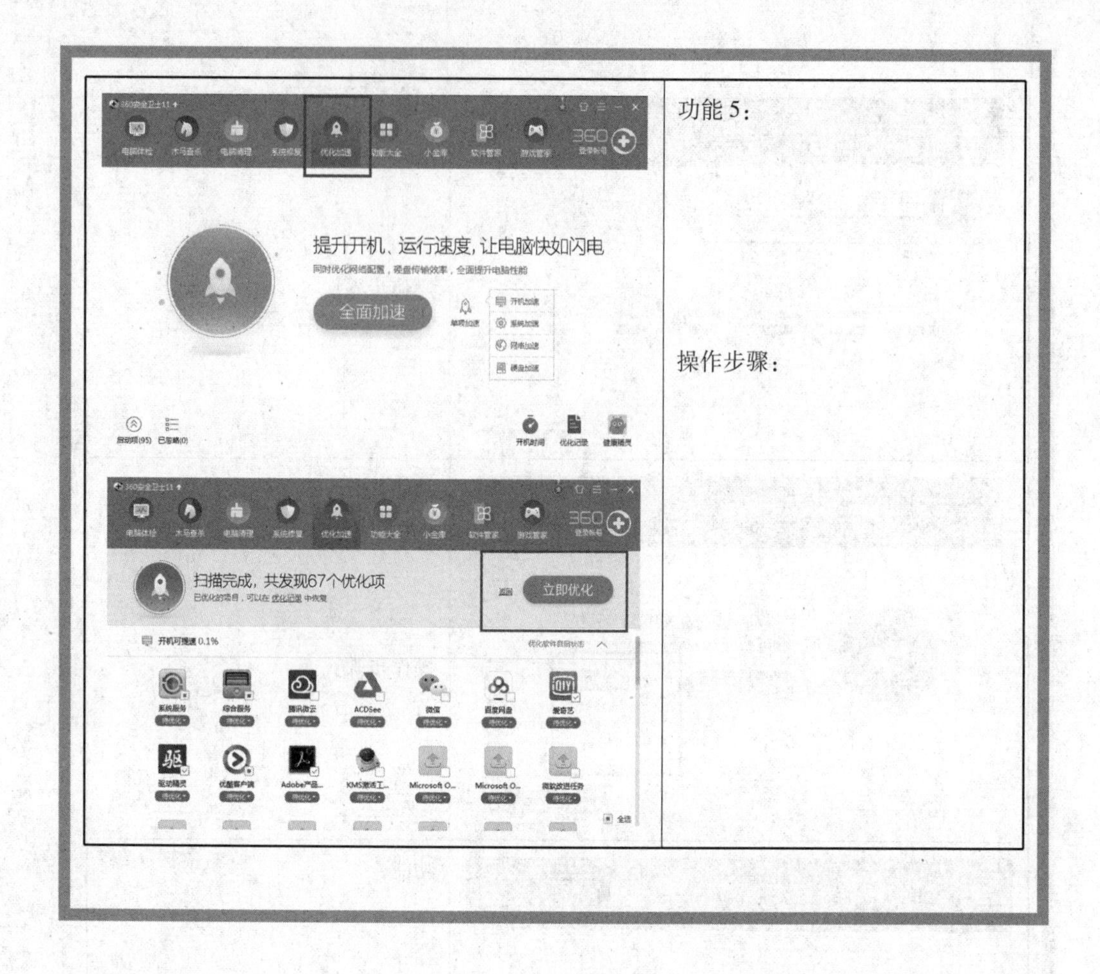

功能5：

操作步骤：

[任务三]

NO.3

认识数据加密软件

要有效保护数据，不仅是要做好病毒防范工作，还需防止他人盗取重要信息的内容。数据加密仍是目前计算机系统对信息进行保护的一种可靠办法。

通过本任务的学习，你将能够：

- 了解数据加密的内容；
- 认识常见的数据加密软件；
- 熟悉数据加密软件的主要功能。

活动一　了解数据加密

1.什么是数据加密

数据加密是指通过加密算法和加密密钥将明文转变为密文，而解密则是通过解密算法和解密密钥将密文恢复为明文。数据加密的核心是密码学,利用密码技术对信息进行加密,实现信息隐蔽,从而起到保护信息安全的作用。

2.数据加密的术语

- 明文　原始的或未加密的数据。
- 密文　明文加密后的数据,是加密算法的输出信息。
- 密钥　由数字、字母或特殊符号组成的字符串,用它控制数据加密、解密的过程。
- 加密算法　加密所采用的变换方法。
- 解密算法　解密所采用的变换方法。

3.数据加密技术的分类

数据加密技术可分为数据传输加密技术、数据存储加密技术、数据完整性的鉴别技术和密钥管理技术。

- 数据传输加密技术　对传输中的数据流加密,通常有线路加密与端—端加密两种。
- 数据存储加密技术　防止在存储环节上的数据失密,可分为密文存储和存取控制两种。前者一般是通过加密算法转换、附加密码、添加加密模块等方法实现;后者则是对用户资格、权限加以审查和限制,防止非法用户存取数据或合法用户越权存取数据。
- 数据完整性的鉴别技术　对介入信息传送、存取和处理的人的身份和相关数据内容进行验证,一般包括口令、密钥、身份、数据等项的鉴别。系统通过对比验证对象输入的特征值是否符合预先设定的参数,实现对数据的安全保护。
- 密钥管理技术　包括密钥的产生、分配、保存、更换和销毁等各个环节上的保密措施。

活动二　认识常见的数据加密软件

1.宏杰文件夹加密

宏杰文件夹加密是畅想信息技术有限公司精心研发的一款专业的、永久免费的、针对文件/文件夹的加密软件,具有加密速度快、强度高,防止删除、复制,简单、易用的特点,能对文件/文件夹进行加密、解密,对磁盘进行隐藏、禁用保护,其主界面如图 1-12 所示。

2.隐身侠

隐身侠是北京意畅高科软件有限公司开发的一款信息安全产品,用于保护和备份计算机中的重要文件及私密信息,能防止计算机因维修、丢失、被黑客攻击、借用所带来的信息泄露或信息丢失的风险,其主界面如图 1-13 所示。

3.个人空间

个人空间是一款操作简便的加密解密软件,能够创建高强度的私人加密磁盘空间,对系统资源的占用率低。其功能主要是在系统现有的每个磁盘内再划分出一部分磁盘空间作为新的磁盘,并能将普通文件夹划分、转变成私人文件夹,对其加密、伪装。其划分磁盘前的密码设置界面如图 1-14 所示。

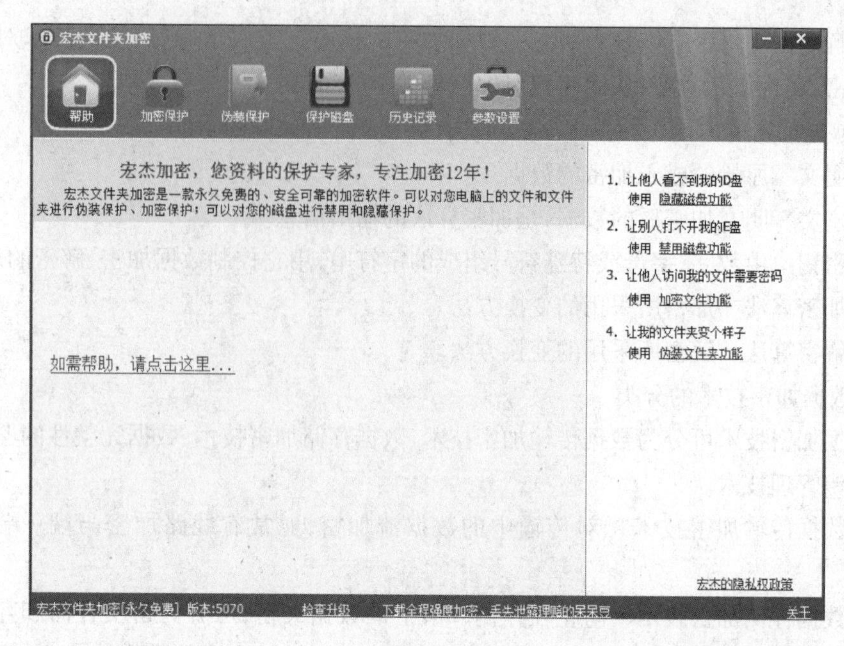

图 1-12

加密工具

更多功能，给您更多贴心体验

程序版本：5.0.1.5_20180913

图 1-13

4.数据加密软件的主要功能

下面以宏杰文件夹加密为例介绍数据加密软件的功能。

● 加密文件及文件夹　设置密码和加密类型等，即可加密文件及文件夹，如图 1-15 所示。

● 解密文件及文件夹　输入密码即可解密文件及文件夹，如图 1-16 所示。

● 加密磁盘　选择磁盘，同样需设置密码和加密类型，加密后该磁盘中的内容就会被自动隐藏，自动产生一个加密的图标，如图 1-17 所示。

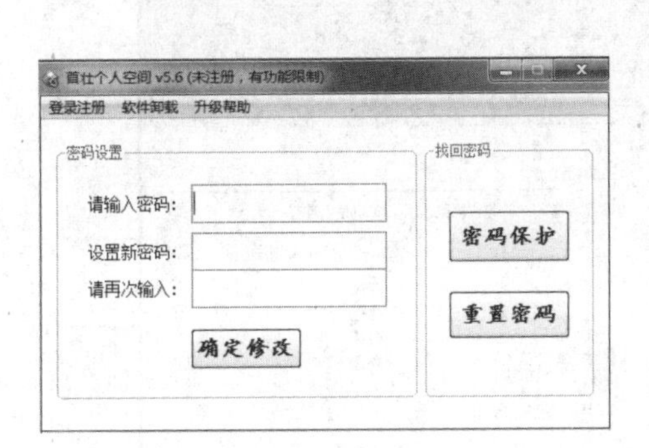

图 1-14

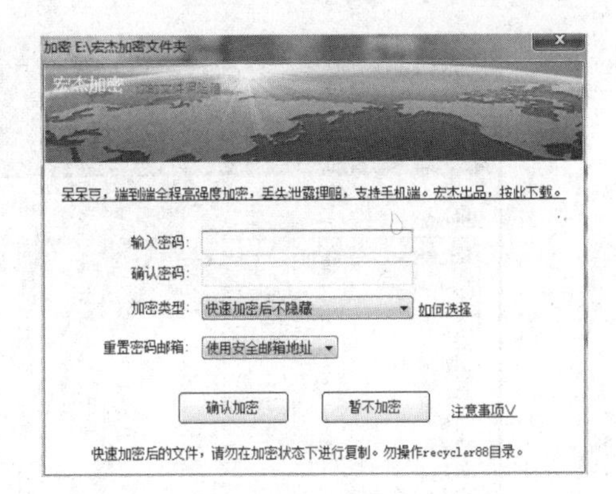

图 1-15

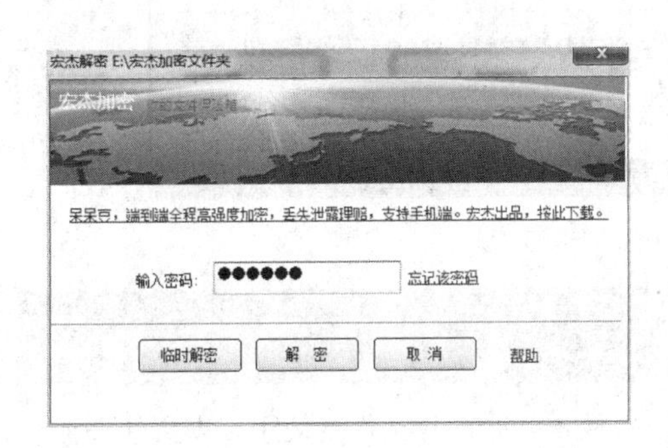

图 1-16

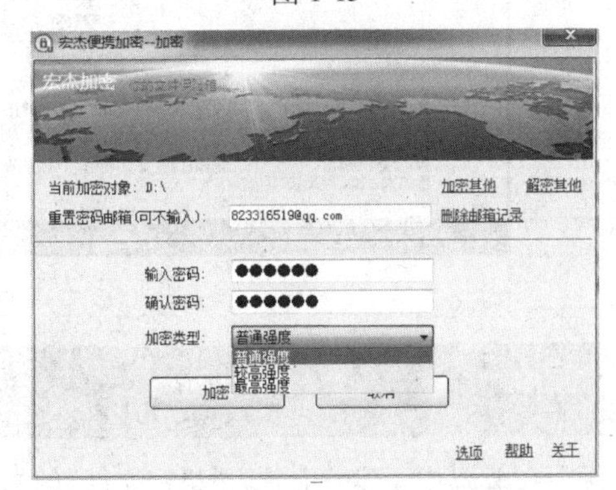

图 1-17

● 伪装保护　在加密文件(夹)的同时对文件(夹)的图标进行更换,如图 1-18 所示。

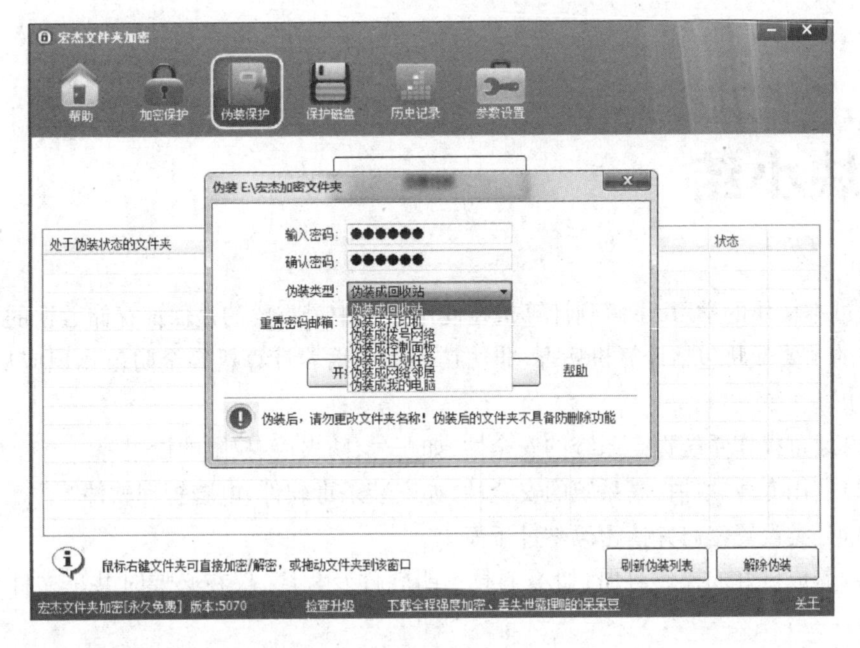

图 1-18

● 保护磁盘　可以禁用或隐藏磁盘,如图 1-19 所示。

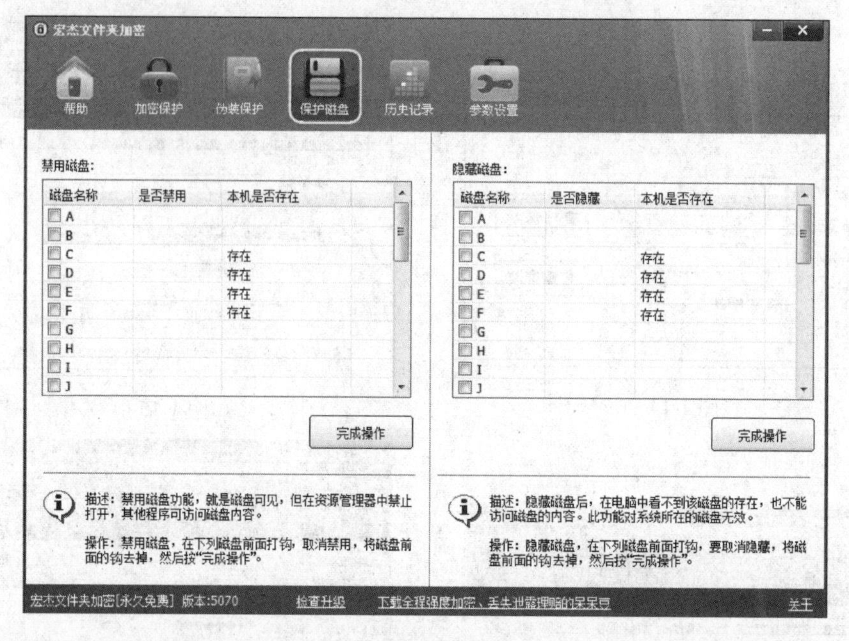

图 1-19

做一做

在 D 盘中新建一个名为“机密文件”的文件夹，放入一张图片文件。使用宏杰文件夹加密完成该文件夹的加密和解密，以截图的方式保存操作过程，再为每张图片配上文字说明一起放入 Word 文档中。

模块小结

通过本模块的学习，了解到计算机在使用过程中最重要的是保证存储数据的安全，其面临的主要威胁包括计算机病毒、非法访问等。培养计算机安全防范意识应从以下几点考虑：

（1）通过操作系统提高系统的安全性，如账号、防火墙、权限的设置等。

（2）使用专业软件提高系统的安全性，如安装杀毒软件、电脑管理软件等。

（3）分类设置密码并使密码不过于简单。

（4）养成良好的操作习惯，如不下载不明软件及程序、仅在必要时共享文件夹、定期备份。

自我测试

(1)下载并且安装以下三款软件:金山毒霸、腾讯电脑管家、隐身侠,将下载和安装过程以图片加文字的形式写入 Word 文档或者录制视频。

(2)使用金山毒霸完成全盘杀毒,将操作过程以图片加文字的形式写入 Word 文档或者录制视频。

(3)使用腾讯电脑管家对计算机进行体检和查杀木马,将操作过程以图片加文字的形式写入 Word 文档或者录制视频。

(4)使用个人空间对 D 盘进行划分,得到一部分私人空间,同时对其加密与伪装,将操作过程以图片加文字的形式写入 Word 文档或者录制视频。

(5)向你的朋友推荐一款杀毒软件、一款电脑管理软件、一款文件加密软件,同时向他介绍保护计算机信息安全的相关知识。

模块二
系统工具软件

计算机由硬件系统和软件系统两大部分构成。一台高效的计算机必定拥有高配置的硬件系统，以及完善的软件系统。因此，用户不仅要掌握各种应用软件的操作方法，还需对计算机的硬件系统与操作系统有一定的了解，学会利用系统工具软件检测和管理计算机硬件系统。

[任务一]

NO.1

认识硬件检测软件与驱动软件

用户在购买计算机时,通过计算机的产品介绍信息简单地了解了当前计算机的硬件配置,为了验证当前计算机的硬件配置与产品介绍信息是否一致,可以使用硬件检测软件对计算机进行检测,从而得到硬件系统的全部详细信息。

通过本任务的学习,你将能够:

- 了解计算机的基本硬件配置;
- 了解驱动程序;
- 了解硬件检测软件的主要功能;
- 认识常见的驱动软件。

活动一　了解计算机的硬件配置与驱动程序

做一做

下图是在网上购买组装台式机时获取到的计算机基本情况介绍,请问图片中包含的硬件有哪些?同时写出计算机拥有但是图片中又未出现的硬件信息。

品牌：硕扬

商品名称：硕扬i5 8400/GTX1050...	商品编号：1085794603	店铺：硕扬DIY电脑旗舰店	商品毛重：10.0kg
商品产地：中国	硬盘：固态硬盘	显卡：GTX1050Ti	类别：游戏发烧型
CPU：酷睿i5	游戏性能：发烧级	胜任游戏：吃鸡游戏	

更多参数>>

(1) ________　(2) ________　(3) ________　(4) ________

(5) ________　(6) ________　(7) ________

1.计算机的基本硬件配置

组装一台台式计算机,通常需要以下硬件:主板、CPU、内存、硬盘、网卡(集成在主板上)、声卡(集成在主板上)、独立显卡、机箱、电源、散热器、光驱、显示器、键盘、鼠标。

2.什么是驱动程序

驱动程序是一种可以使操作系统与硬件设备之间通信的特殊程序,相当于硬件的接口,操作系统只有通过这个接口,才能控制硬件设备的工作。

活动二　认识硬件检测软件

1.常见的硬件检测软件

(1)鲁大师

鲁大师是一款免费的系统工具软件,拥有硬件检测、硬件测试、系统优化、温度监控等功能,适合于各种品牌台式机、笔记本电脑、DIY 兼容机。鲁大师的主界面如图 2-1 所示。

图 2-1

(2)CPU-Z

CPU-Z 是一款 CPU 检测软件。它除了可以检测 CPU 以外,还能检测主板和内存的相关信息。使用该软件可以看到 CPU 的名称、厂商、内核进程、内部和外部时钟等参数。购买 CPU 后,如果要准确判断其超频性能,就可以通过该软件来测量 CPU 实际设计的 FSB 频率和倍频。CPU-Z 的主界面如图 2-2 所示。

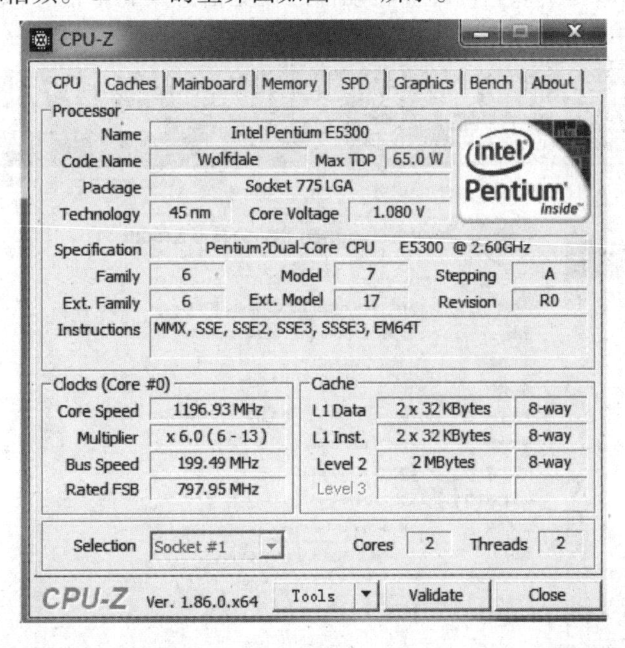

图 2-2

(3)EVEREST Ultimate Edition

EVEREST Ultimate Edition 是一款测试软硬件系统信息的软件,它可以详细地显示出计算机各方面的信息,支持上千种主板、上百种显卡以及 CPU 等设备的侦测,主界面如图 2-3 所示。

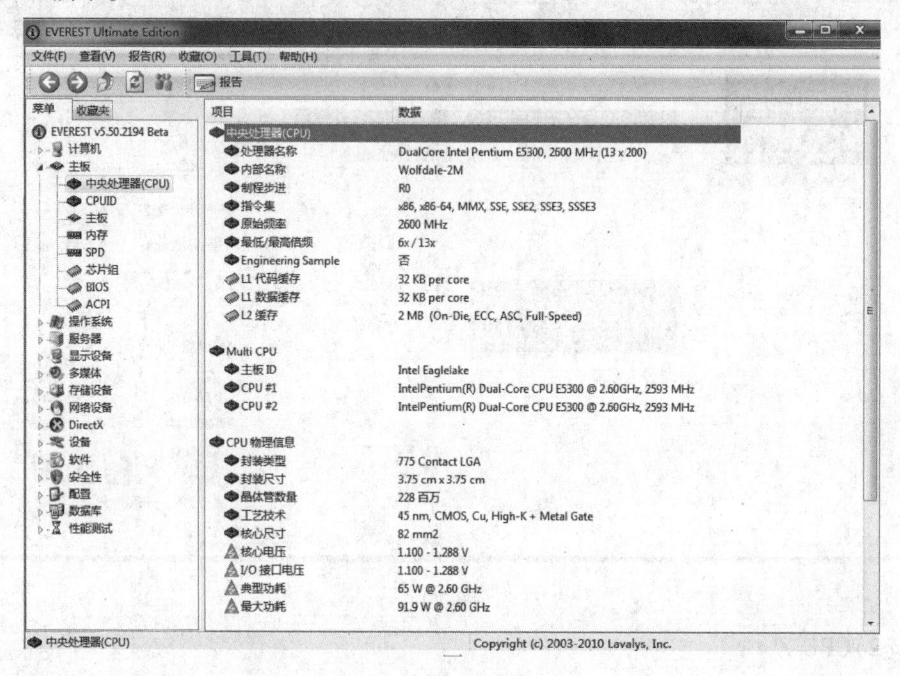

图 2-3

2.硬件检测软件的主要功能

下面以鲁大师为例介绍硬件检测软件的主要功能。

• 硬件检测　可获取当前计算机硬件的概览信息及完整信息,如图 2-4 至图 2-6 所示。

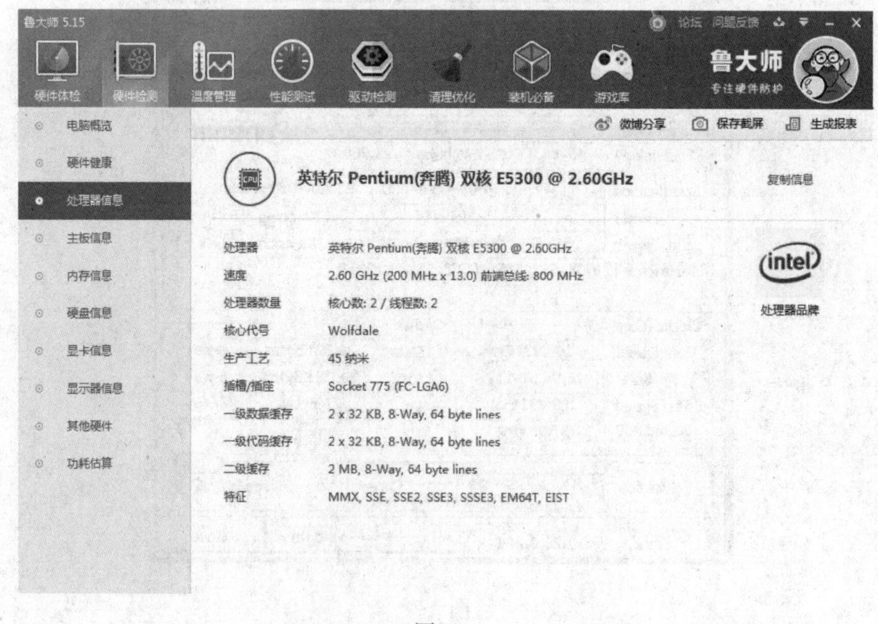

图 2-4

图 2-5

图 2-6

• 硬件体检　可获取当前硬件是否有故障问题、驱动是否有问题、硬件温度是否正常等信息，如图 2-7 所示。

• 温度管理　实时监控各硬件的温度情况，以及风扇的散热情况、CPU 和内存的使用情况，如图 2-8 所示。

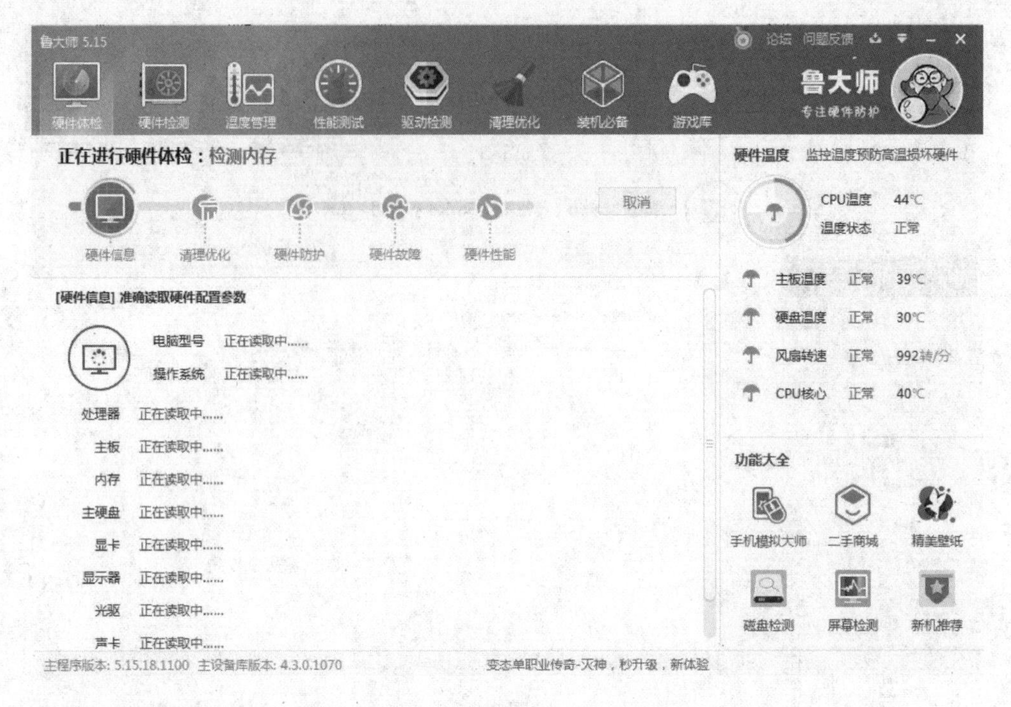

图 2-7

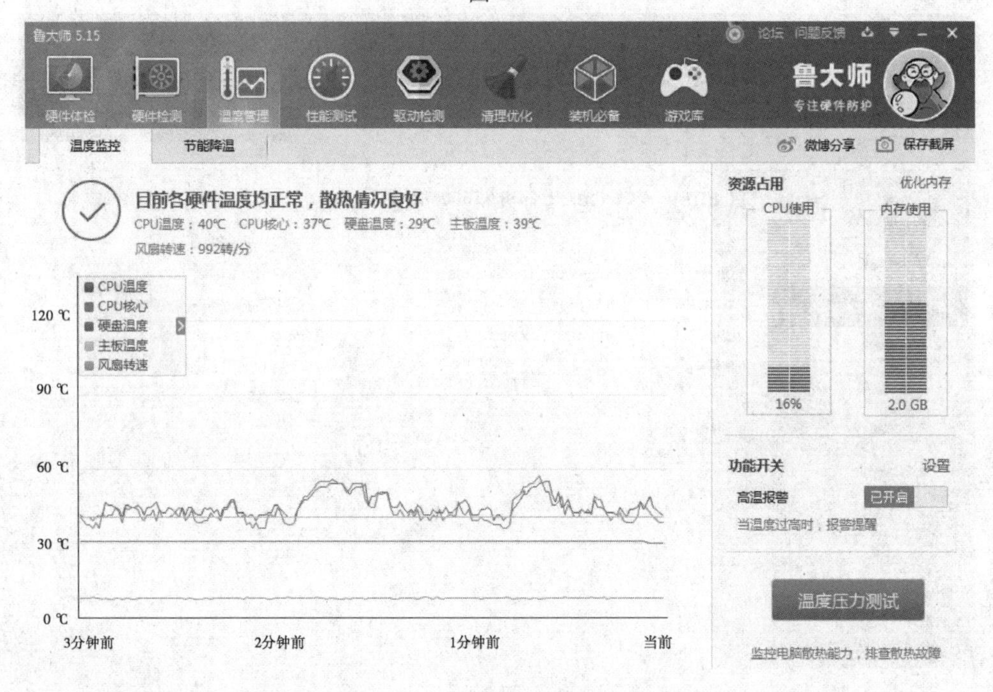

图 2-8

• 性能测试　获取当前计算机的硬件性能情况，还可查看实时的硬件性能排行榜，作为选择相应硬件设备的参考，如图 2-9 所示。

图 2-9

活动三　认识常见的驱动软件

1.驱动精灵

驱动精灵是一款免费的集驱动管理和硬件检测于一体的管理软件，它为用户提供了驱动备份、恢复、安装、删除、在线更新等实用功能，还提供了 Outlook 地址簿、邮件和 IE 收藏夹的备份与恢复功能，主界面如图 2-10 所示。

图 2-10

2.360 驱动大师

360 驱动大师是一款能完成驱动安装、更新的软件。它拥有百万级的驱动库支持，可以实现驱动安装一键化,无须手动操作。360 驱动大师主界面如图 2-11 所示。

图 2-11

[任务二]

NO.2

认识系统备份与还原软件

计算机在使用过程中,随着内部存储数据的不断增长以及软件的大量应用,计算机资源的占用率和使用率都会不断提升,致使计算机的运行速度越来越慢。为了保证计算机能正常高效地工作,可以对初始的计算机系统进行备份,在必要时对系统进行还原,清除安装的大量应用程序及注册信息,释放系统资源。

通过本任务的学习,你将能够:

- 了解系统备份与还原;
- 掌握系统备份与还原的方法;
- 认识常见的系统备份与还原软件。

活动一 了解系统备份与还原

1.什么是备份

为防止文件、数据丢失或损坏等可能出现的意外情况,我们常常将计算机存储设备中的数据复制到其他存储设备中,这就是备份。

备份包含操作系统备份与文件(数据)备份,操作系统备份即将操作系统文件备份生成文件保存下来，文件（数据）备份即对重要文件（数据）进行复制得到多份文件（数据）保存下来。

2.什么是还原

还原就是恢复到最初状态。系统还原是在不需要重新安装操作系统，也不会破坏数据文件的前提下使系统回到最初状态。

活动二　掌握系统备份与还原的方法

1.创建系统还原点

通过系统还原点还原系统是将系统文件和设置及时返回到以前的还原点且不影响个人文件。系统每周都会自动创建还原点，另外在发生显著的系统事件（如安装软件或设备驱动程序）之前也会创建还原点。

创建系统还原点并进行还原的具体操作步骤如下：

（1）鼠标右键单击“计算机”，在弹出的快捷菜单中选择“属性”命令，如图 2-12 所示，打开“系统”窗口，如图 2-13所示。

（2）在“系统”窗口中，选择“系统保护”命令，打开“系统属性”对话框，如图 2-14 所示。

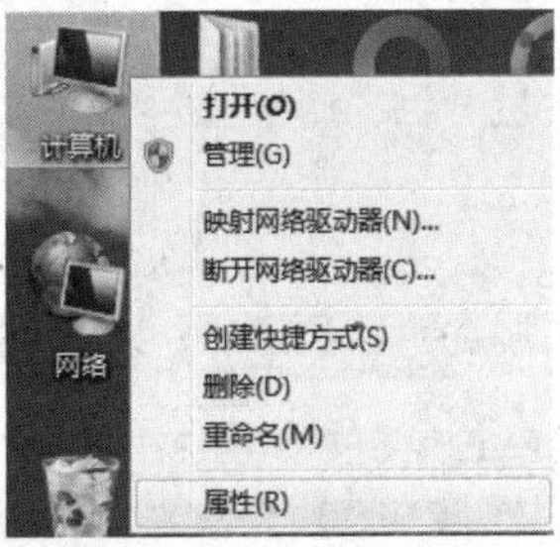

图 2-12

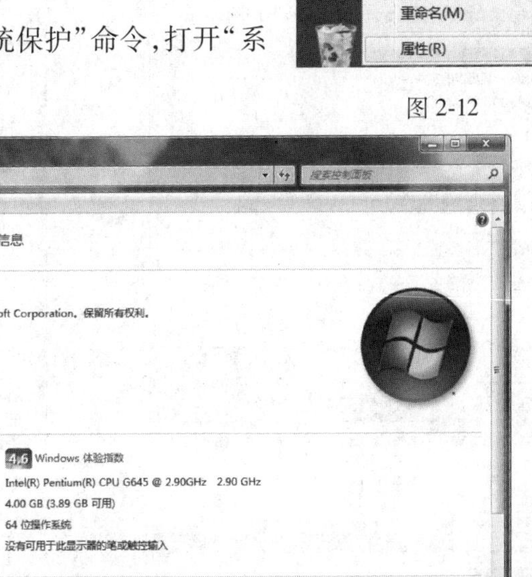

图 2-13

（3）在“系统属性”对话框中，单击“系统保护”选项卡下的“配置”按钮，打开“系统保护 Windows 7”对话框，选择“还原系统设置和以前版本的文件”选项（此处根据需求设置磁盘空间的“最大使用量”），完成后单击“确定”按钮，如图 2-15 所示。

（4）在“系统属性”对话框中，单击“创建”按钮，如图 2-16 所示，打开“系统保护”对话框，输入还原点名称，单击“创建”按钮，如图 2-17 所示，创建成功后弹出提示对话框，单击“关闭”按钮，如图 2-18 所示。

（5）在“系统属性”对话框中，单击“系统还原”按钮，如图 2-19 所示，打开“系统还

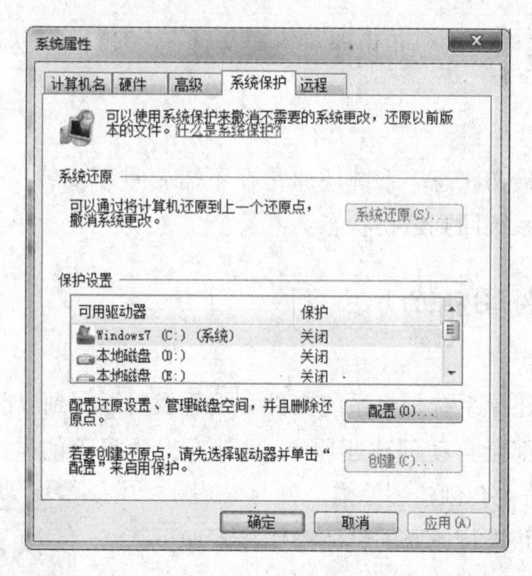

图 2-14

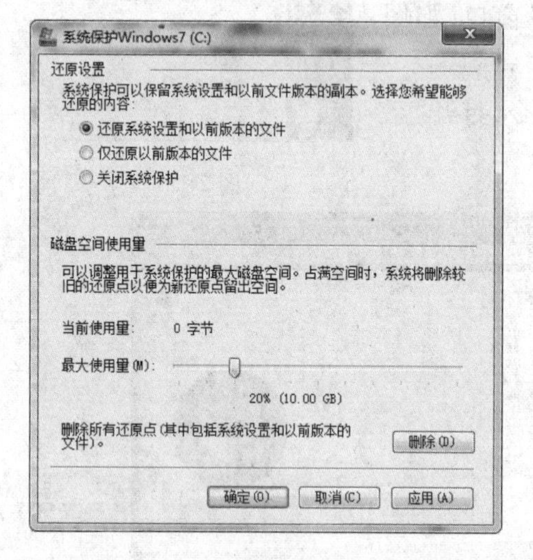

图 2-15

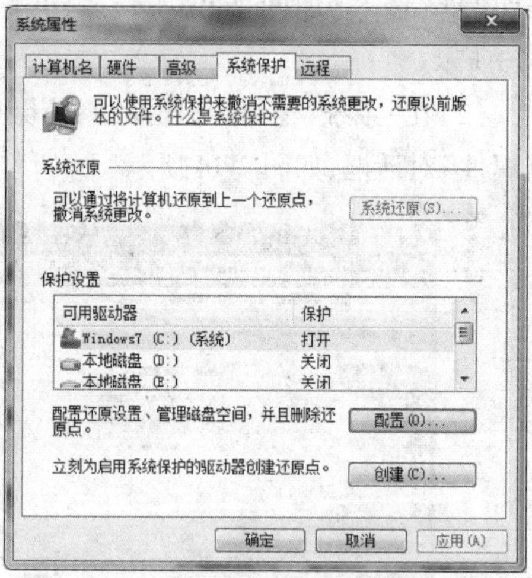

图 2-16

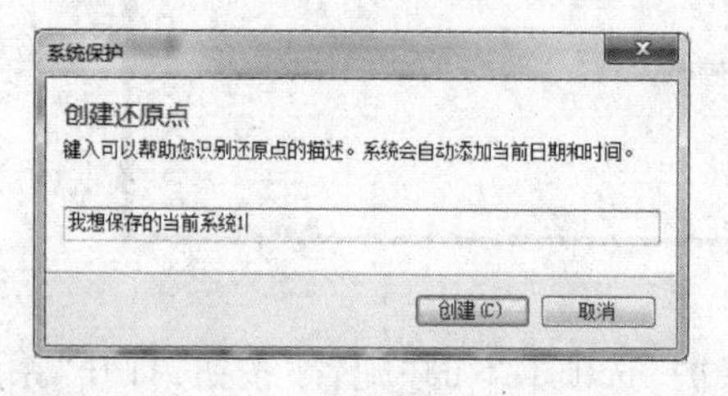

图 2-17

图 2-18

原”对话框，单击“下一步”按钮，如图 2-20 所示，在 “系统还原”对话框中选择还原点，如图 2-21 所示，单击“下一步”按钮，弹出“确认还原点”的提示信息，单击“完成”按钮，如图 2-22 所示。

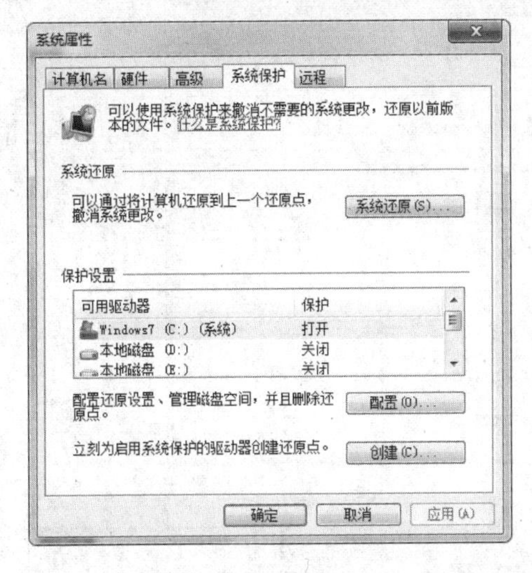

图 2-19

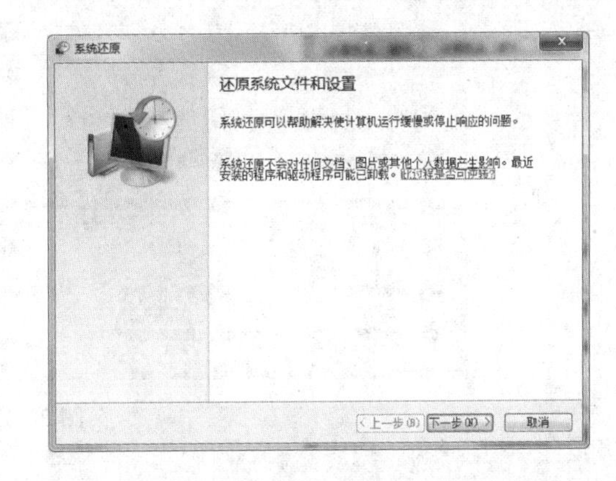

图 2-20

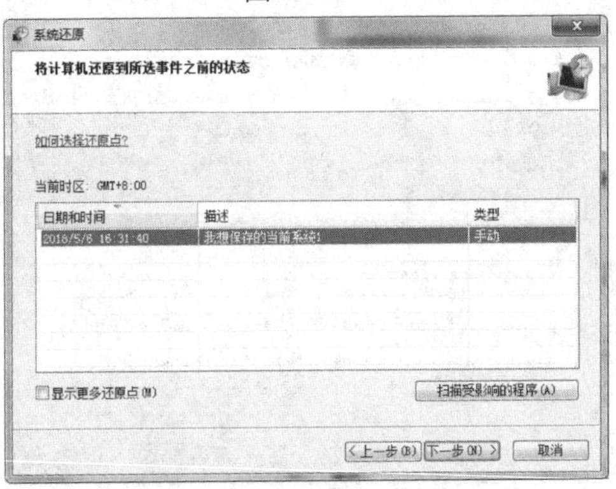

图 2-21

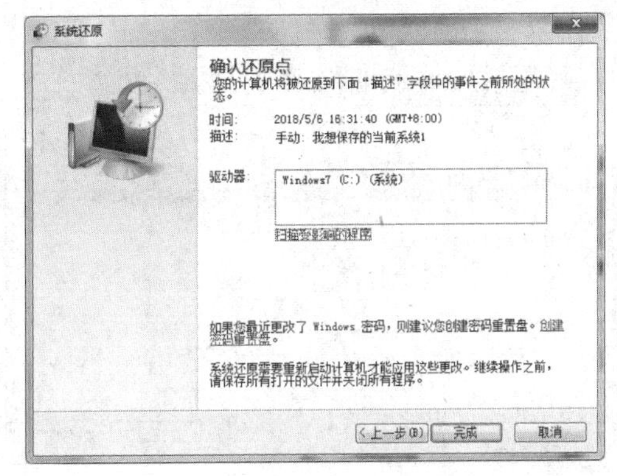

图 2-22

2.创建系统映像备份

在默认情况下,系统映像包含了 Windows 运行所需的驱动器,还包含 Windows 和用户的系统设置、程序及文件。如果硬盘或计算机无法工作,则可以使用系统映像来还原计算机的内容。从系统映像还原计算机时,将进行完整还原,不能选择个别项进行还原,当前的所有程序、系统设置和文件都将被系统映像中的相应内容替换。

创建系统映像备份进行还原的操作步骤如下:

(1)单击"开始"菜单,选择"控制面板",打开"控制面板"窗口,选择"备份与还原",如图 2-23 所示。

(2)在"备份与还原"窗口的左侧选择"创建系统映像",打开"创建系统映像"对话框,选择保存位置,单击"下一步"按钮,如图 2-24 所示。

(3)在"创建系统映像"对话框中,选择备份内容,单击"下一步"按钮,如图 2-25 所示。

图 2-23

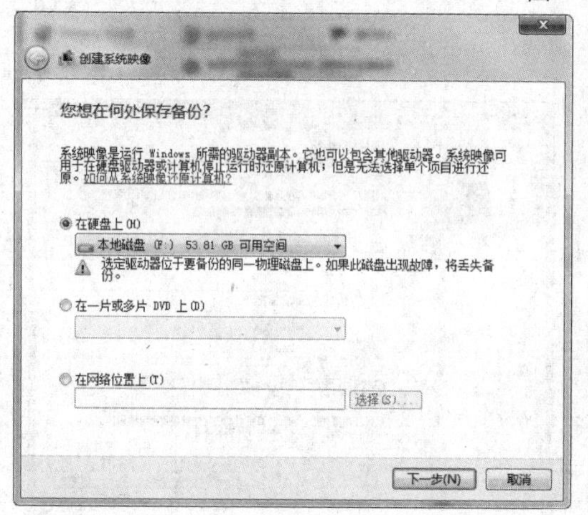

图 2-24

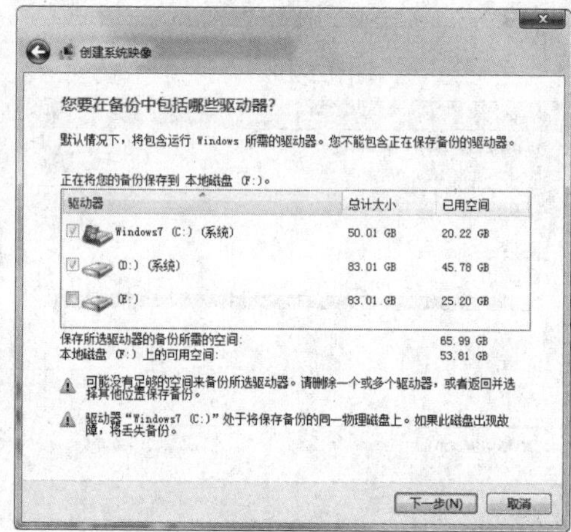

图 2-25

(4)单击“开始备份”按钮进行备份即可,如图 2-26 所示。

温馨提示:要保证存储器有足够的空间来存放备份文件。

(5)如果要还原系统,打开“还原文件”窗口,如图 2-27 所示,选择要还原的备份文件,单击“下一步”按钮逐步完成即可。

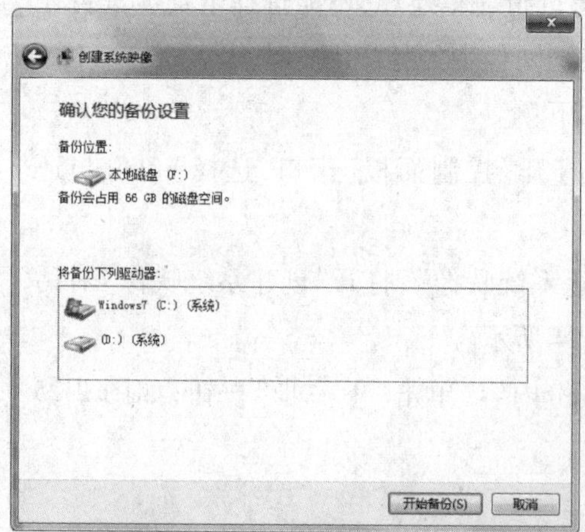

图 2-26

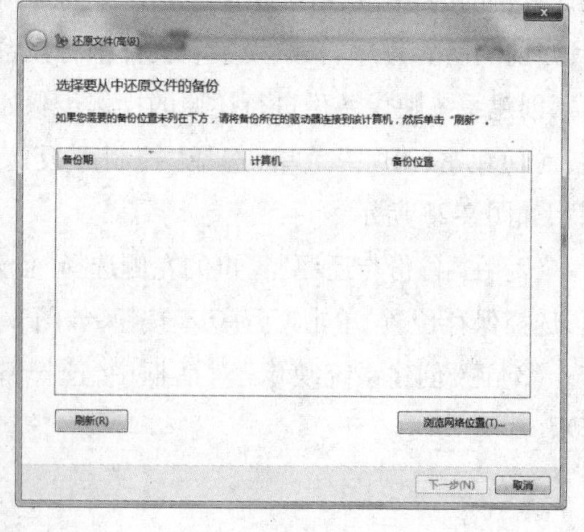

图 2-27

知识链接

在“备份与还原”窗口中，有“创建系统映像”与“立即备份”两个命令，如图 2-28 所示。

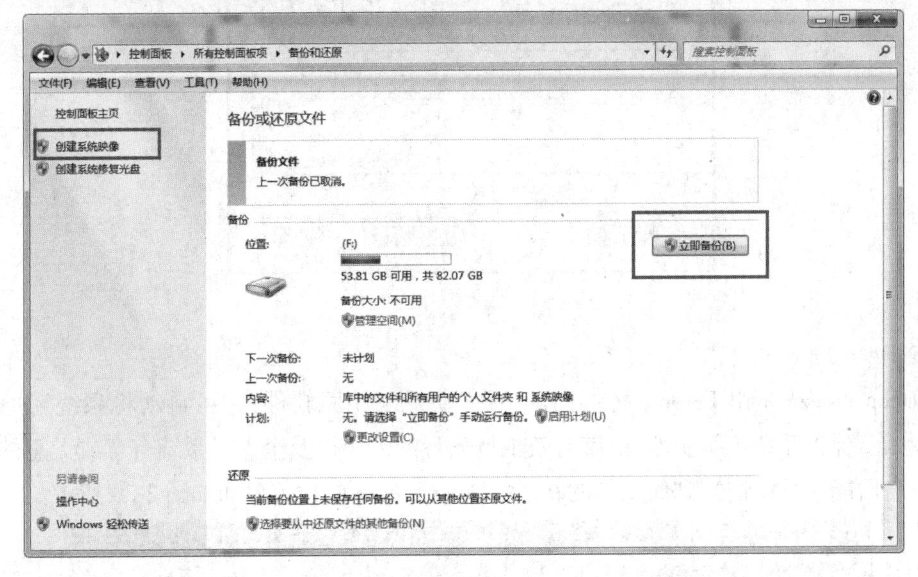

图 2-28

创建系统映像就是复制用户的系统，将其压缩成.img 格式的镜像文件，需要手动完成整个创建过程。在创建中，为了保护驱动器，采用了全部“备份”的方法，由于映像文件压缩比低，因此创建后系统映像占用内存多。在用户的计算机系统完全损坏并且不能进入系统的情况下，才通过系统映像还原系统。

立即备份就是把系统完整复制到外部的逻辑磁盘，不用手动备份。如果更新系统或装驱动软件时把系统中的某些文件损坏了，这时还可以进入计算机系统，想要恢复系统可使用“立即备份”中的备份文件进行还原。

3.使用系统备份与还原软件

系统备份与还原软件具有安全、快速、保密性强、压缩率高、兼容性好等特点，特别适合计算机新手和担心操作麻烦的人使用，便于在计算机系统出问题的时候还原系统，也可以帮助用户定时备份文件夹、硬盘、分区，以备不时之需。

活动三 认识常见的系统备份与还原软件

1.一键 Ghost

一键 Ghost 是一款可以在 Windows、DOS 下对任意分区进行一键备份、恢复的软件，支持 ISO 文件、光盘、U 盘里的 GHO 文件安装；支持多硬盘、混合硬盘、混合分区、未指派盘符分区、盘符错乱、隐藏分区以及交错存在非 Windows 分区；支持多系统，并且系统不在第一个硬盘的第一个分区；支持品牌机隐藏分区等。一键 Ghost 的主界面如图 2-29 所示。

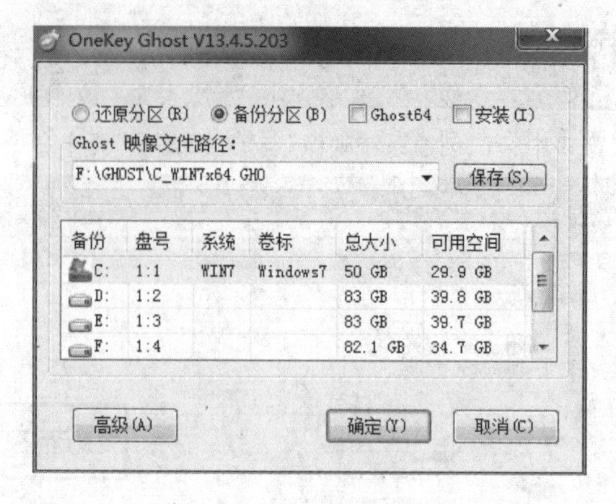

图 2-29

2.Deep Freeze

Deep Freeze 是由 Faronics 公司出品的一款系统还原软件,它可自动将系统还原到初始状态,保护系统不被更改,能够有效抵御病毒的入侵以及个人对系统有意或无意的破坏,重启后能让系统恢复到使用前的状态。Deep Freeze 的设置界面如图 2-30 所示。

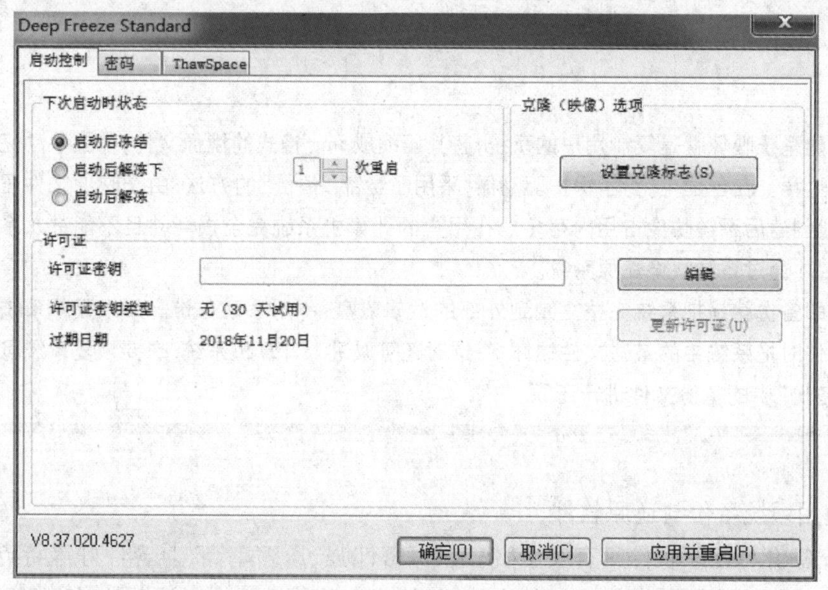

图 2-30

• 启动后冻结　设置该功能应用并重启计算机后,在计算机的任务栏右下角出现软件图标,表示已经开启当前系统的保护功能,在当前系统下进行的任何操作,再次重启计算机后都会丢失,系统会恢复到当前系统的最初状态。

• 启动后解冻　设置该功能应用并重启计算机后,失去了对当前系统的保护功能,在当前系统下进行的任何操作,再次重启计算机后都会保留,系统会处于最新的状态。

3.一键还原精灵

一键还原精灵是一款操作简单的系统备份与还原软件,具有安全、快速、保密性强、压缩率高、兼容性好等优点,特别适合计算机新手使用。一键还原精灵的主界面如图 2-31所示。

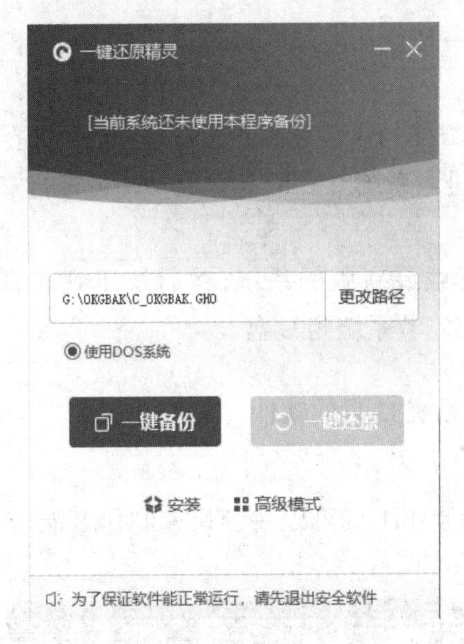

图 2-31

[任务三]

NO.3

认识系统 U 盘制作软件

当用户错误操作或计算机遭受病毒、木马程序的破坏,系统中的重要文件就会受损而导致运行错误,甚至造成系统崩溃无法启动,因此不得不重装系统。重新安装系统一般有覆盖式重装和全新安装两种。全新安装是在原有的操作系统之外再安装一个操作系统,存放在两个不同的磁盘中。覆盖式重装是将新系统安装在原系统所在的磁盘,原系统会被自动覆盖。

通过本任务的学习,你将能够:

- 了解重装系统的方法;
- 认识常见的制作系统 U 盘的软件;
- 利用软件制作系统 U 盘;
- 利用 U 盘重新安装系统。

活动一　了解重装系统的方法

1.光盘重装

使用光盘重装系统是以前较为普遍的方法,放入系统光盘,在 BIOS 中将计算机设置成光驱启动或者按相关快捷键进入启动菜单中选择光驱启动,重启后通过光盘选择安装系统。

2.Ghost 重装

Ghost 重装是最简单、方便的重装系统方法,从网上下载 Windows 系统的 GHO 镜像,然后使用 Ghost 工具(一般使用一键 Ghost)进行重装,操作方便,重装速度快。

3.U 盘重装

U 盘重装是目前较为方便的重装系统方法,只需从网上下载 U 盘启动盘制作工具制作 U 盘启动盘,然后在进入系统时设置 U 盘启动即可进行安装。

4.硬盘重装

硬盘重装是从网上下载最新版的系统,然后解压到非系统盘,接着运行其中的 autorun.exe 程序,选择一键安装系统到 C 盘。

活动二　认识常见的制作系统 U 盘的软件

1.大白菜

大白菜超级 U 盘启动制作工具可以一键快速制作万能启动 U 盘,操作简单方便,主界面如图 2-32 所示。

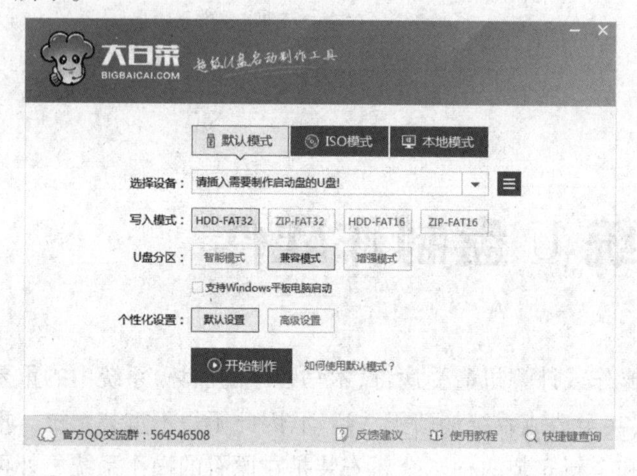

图 2-32

2.老毛桃

老毛桃 U 盘启动盘制作工具不需要用户有任何技术基础,就可以轻松制作 U 盘启动盘,主界面如图 2-33 所示。

图 2-33

活动三　制作系统 U 盘

制作系统U盘

制作系统 U 盘的操作步骤如下(以大白菜为例)：

(1)从网上下载并安装大白菜装机版,如图 2-34 所示,启动软件进入主界面,如图 2-35 所示。

图 2-34

图 2-35

(2)插入 U 盘(提示:U 盘会被格式化,所以应先清空 U 盘里的内容),在“选择设备”选项中选择当前插入的 U 盘,单击“开始制作”按钮,弹出“警示信息”窗口,单击“确定”按钮,如图 2-36 所示,即可开始制作系统 U 盘,如图 2-37 所示。

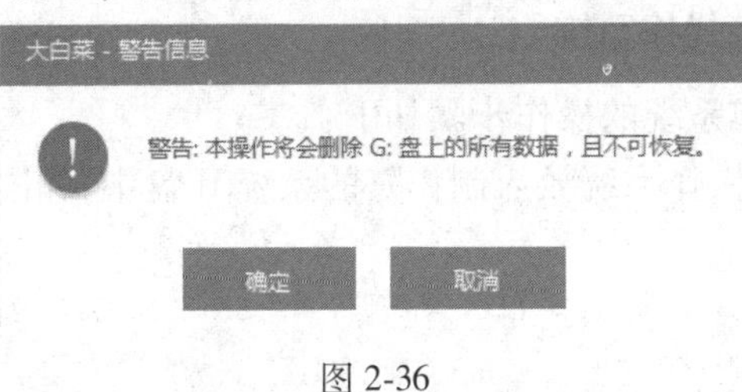

图 2-36

图 2-37

知识拓展

1.大白菜 UEFI 版本

大白菜 UEFI 版本主要针对主板为 UEFI 的计算机。使用大白菜 UEFI 版制作 U 盘，可以免除设置 U 盘作为启动项的操作，使用时更加方便、快捷。

2.BIOS 与 UEFI

(1)BIOS 启动

BIOS(Basic Input/Output System，基本输入/输出系统)是一种所谓的“固件”，用于加载计算机最基本的程序代码，承担着初始化硬件、检测硬件功能以及引导操作系统的任务，是操作系统控制硬件时的中介。

(2)UEFI 启动

UEFI(Unified Extensible Firmware Interface，统一的可扩展固件接口)是一种详细描述类型的接口。这类接口用于操作系统自动从预启动的操作环境加载到一种操作系统上，从而达到化简开机程序，节省时间的目的。传统的 BIOS 启动由于 MBR 的限制，默认是无法引导容量超过 2.1 TB 的硬盘。随着硬盘价格的不断走低，2.1 TB 以上的硬盘会逐渐普及，因此 UEFI 启动也是今后主流的启动方式。

活动四　使用 U 盘安装操作系统

使用 U 盘安装操作系统的操作步骤如下：

(1)将提前下载的操作系统放入制作好的系统 U 盘中，如图 2-38 所示。

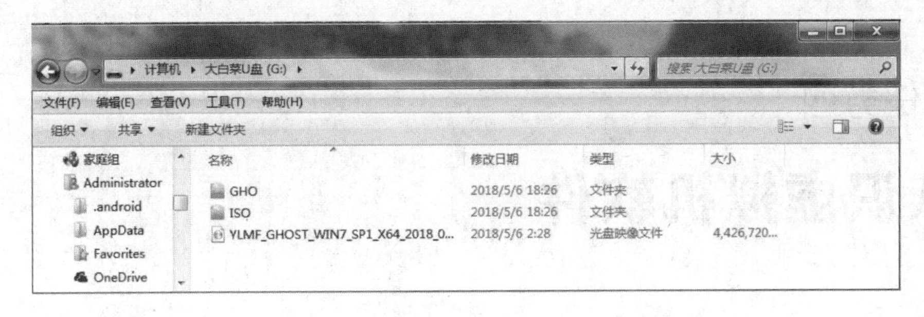

图 2-38

（2）重新启动计算机，按快捷键进入 BIOS，设置 First Boot Device 为 Hard Disk。

（3）计算机会根据启动项的设置，自动载入 U 盘中的操作系统安装程序，如图 2-39 所示，跟随操作提示即可完成重装系统。

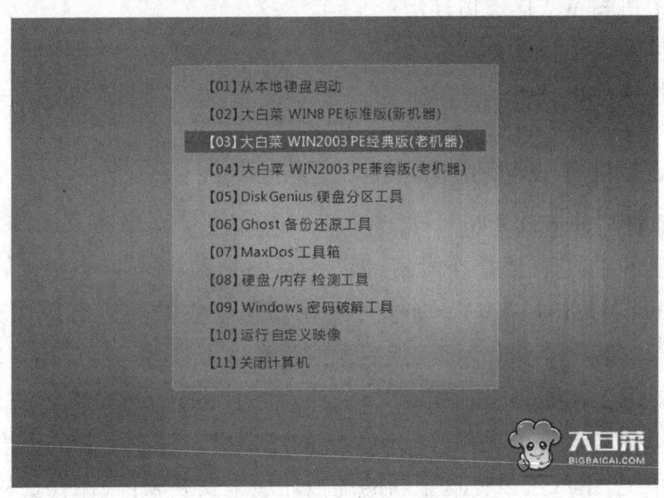

图 2-39

做一做

（1）上网查询各类主板和品牌笔记本电脑的 BIOS 系统启动键，完成以下两张表格的填写。

品牌主板名称	进入 BIOS 系统的快捷键

品牌笔记本电脑名称	进入 BIOS 系统的快捷键

（2）启动计算机进入 BIOS 系统，找到 Boot Device。

[任务四]

NO.4

认识虚拟机软件

当用户拥有了自己的计算机虚拟环境时，无论是出差，还是旅游度假，都不再需要随身携带自己的计算机，只要在有计算机的地方，通过账号上网登录服务器就可以立即将本地计算机变成用户自己的计算机，使用自己原先计算机上的操作系统和资料。

通过本任务的学习，你将能够：

- 认识虚拟机与 WWD 虚拟环境；
- 认识常见的虚拟机软件；
- 安装运行虚拟机软件。

活动一　认识虚拟机与 WWD 虚拟环境

1.传统虚拟机与新型虚拟机

传统虚拟机的工作原理是在本机的操作系统上模拟出一个空的机器，所以称为“虚拟机”(Virtual Machine，VM)。如果要在虚拟机上安装并运行应用程序，就必须先在虚拟机上重新安装一套操作系统，然后才能正常地安装并运行应用程序。

新型虚拟机的工作原理是利用实时动态程序行为修饰与模拟算法，直接利用本机的操作系统模拟出自带与本机相容操作系统的虚拟机。每一个新的虚拟环境都相当于一个新的操作系统，用户可以在这个新的虚拟环境里安装软件，保存资料。

传统虚拟机更适合企业级用户及 IT 测试人员使用，安装及使用过程偏复杂；新型虚拟机则更适合普通个人用户使用，安装过程与安装其他应用软件类似，操作也更加简单。

2.WWD(World Wide Desktop)虚拟环境

每台计算机上的用户都可以利用网络，连接到一个桌面服务器（Desktop Server），桌面服务器会将“桌面”传送过来，并在计算机上呈现出完整的桌面环境，就像通过 WWW 获取网页。WWD 取得的是桌面，其中可以包含各式各样的应用软件与数据，用户可以直接在里面操作软件，处理数据。

企业机构可以架设自己内部使用的桌面服务器，把所有员工的工作环境都存放在桌面服务器中，员工不管是上班或出差，需要使用公司提供的应用软件或文件时，只需要找到一台计算机连上公司的桌面服务器即可。所有的个人配置、文件与应用软件都存放在桌面服务器中，既可以简化公司内部的信息管理，提供移动办公的便利性，也可以增强公司内部数据的安全性。

活动二　认识常见的虚拟机软件

虚拟机软件可以让一部主体计算机(Host Computer)建立与执行一至多个虚拟化环

境。简单地说,虚拟机软件可以让用户在自己的计算机上安装多个不同系统的虚拟机,使一台计算机相当于多台计算机使用,每台虚拟机都能独立运行,互不干扰。

1.VMware Workstation

VMware Workstation(威睿工作站)由 VMware 公司开发,是一款功能强大的桌面虚拟计算机软件,可以使用户在一台机器上同时运行多个 Windows、DOS、Linux、Mac 系统。与“多启动”系统相比,VMware Workstation 采用了完全不同的概念。“多启动”系统在一个时刻只能运行一个系统,在系统切换时需要重新启动计算机。VMware Workstation 是真正“同时”运行多个操作系统在主系统的平台上,就像标准 Windows 应用程序那样切换。在每个操作系统中,用户都可以进行虚拟的分区、配置而不影响真实硬盘的数据,还可开发、测试 、安装新的应用程序。用户甚至可以通过网卡将几台虚拟机连接成一个局域网,使操作更加方便。对于企业的 IT 开发人员和系统管理员而言,VMware Workstation 在虚拟网络、实时快照、拖曳共享文件夹、支持 PXE 等方面的特点使它成为必不可少的工具。VMware Workstation 的不足是体积庞大,安装时间较久,而且使用时占用物理机的资源较多。VMware Workstation 的主界面如图 2-40 所示。

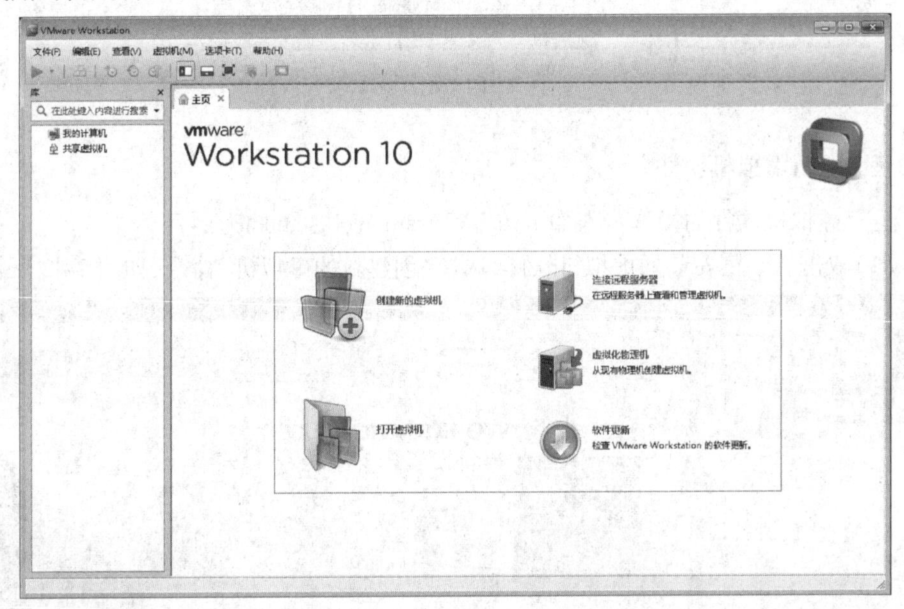

图 2-40

2.VirtualBox

VirtualBox 是一款开源虚拟机软件。VirtualBox 是由德国 Innotek 公司开发、Sun Microsystems 公司出品的软件,在 Sun 公司被 Oracle 公司收购后软件正式更名为 Oracle VM VirtualBox。用户可以在 VirtualBox 上安装并运行 Solaris、Windows、DOS、Linux、OS/2 Warp、BSD 等系统作为客户端操作系统。VirtualBox 的主界面如图 2-41 所示。

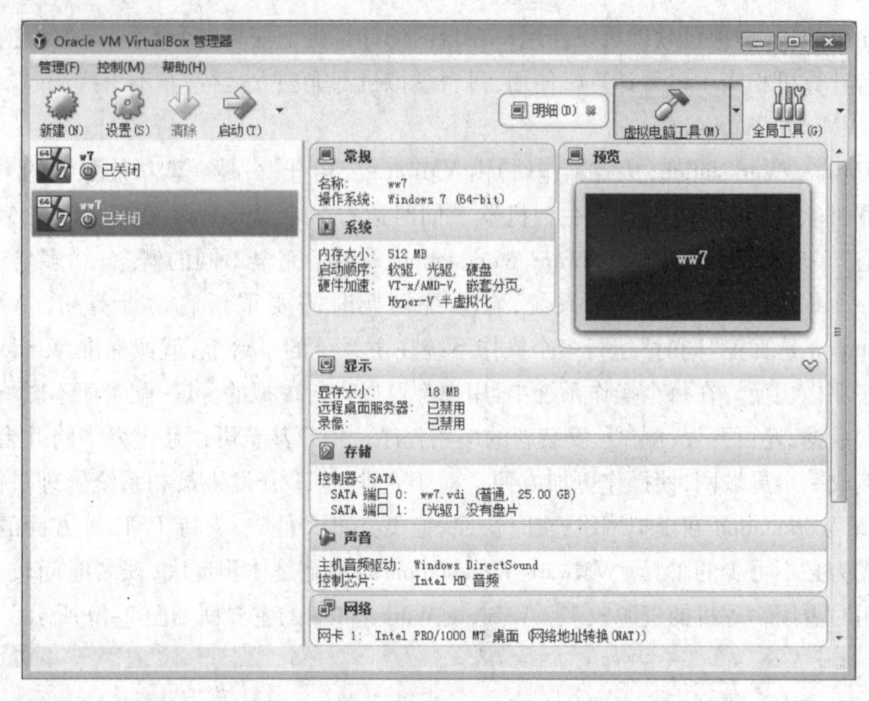

图 2-41

活动三　运行虚拟机软件

运行虚拟机软件的操作步骤如下(以 VMware Workstation 为例):

创建虚拟机

(1)双击启动已安装的虚拟机软件,选择“创建新的虚拟机”命令,如图 2-42 所示。

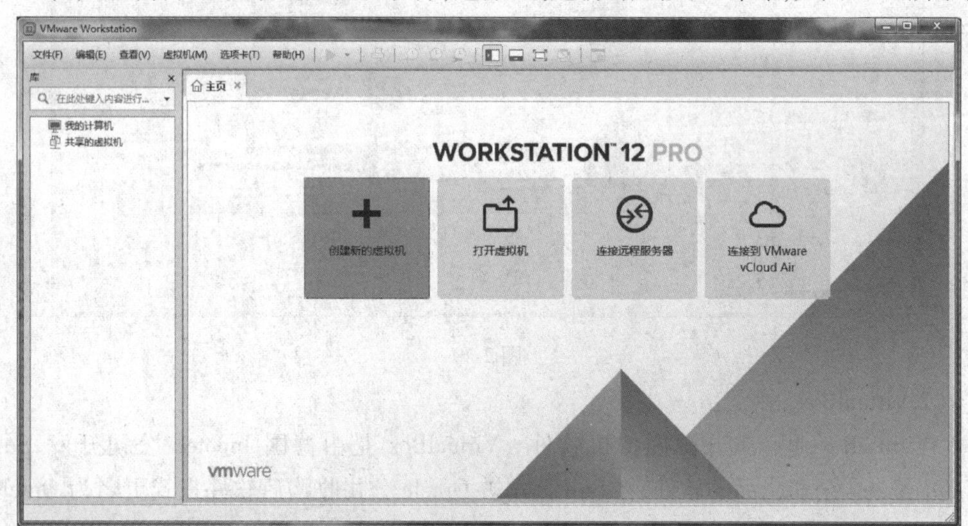

图 2-42

(2)在“新建虚拟机向导”窗口中,选择“典型”选项,单击“下一步”按钮,如图2-43所示。

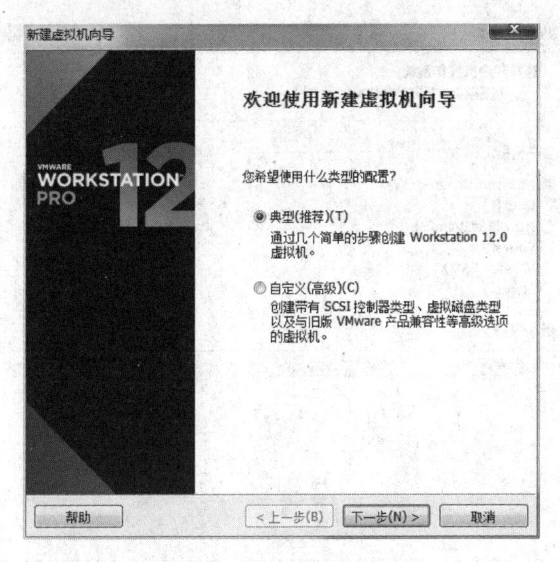

图 2-43

(3)选择系统映像文件(提示:需提前准备好操作系统),单击“下一步”按钮,如图 2-44 所示。

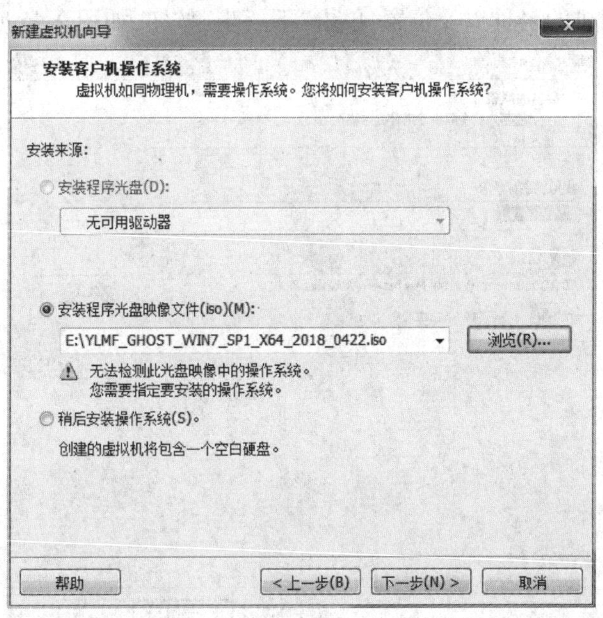

图 2-44

(4)选择“操作系统类型及版本”,单击“下一步”按钮,如图 2-45 所示。

新建虚拟机向导
选择客户机操作系统
此虚拟机中将安装哪种操作系统?
客户机操作系统
Microsoft Windows(W)
Linux(L)
Novell NetWare(E)
Solaris(S)
VMware ESX(X)
其他(O)
版本(V)
Windows 7
帮助
< 上一步(B)
下一步(N) >
取消

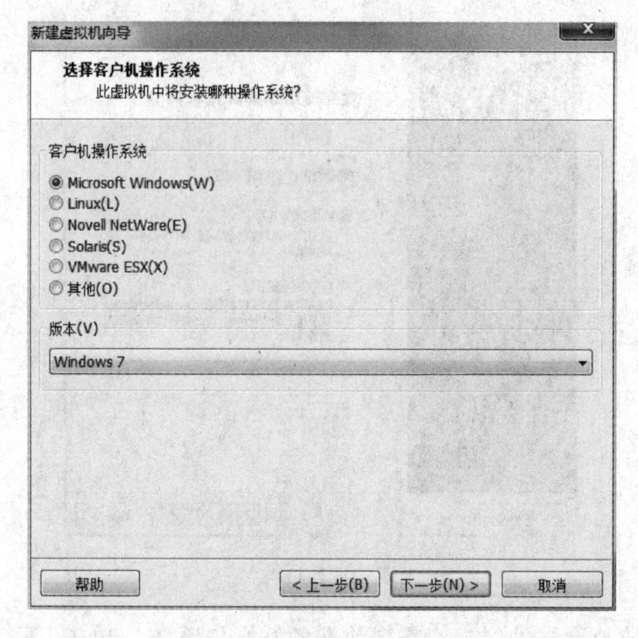

图 2-45

(5)确定虚拟机的名称以及位置,单击“下一步”按钮,如图 2-46 所示。

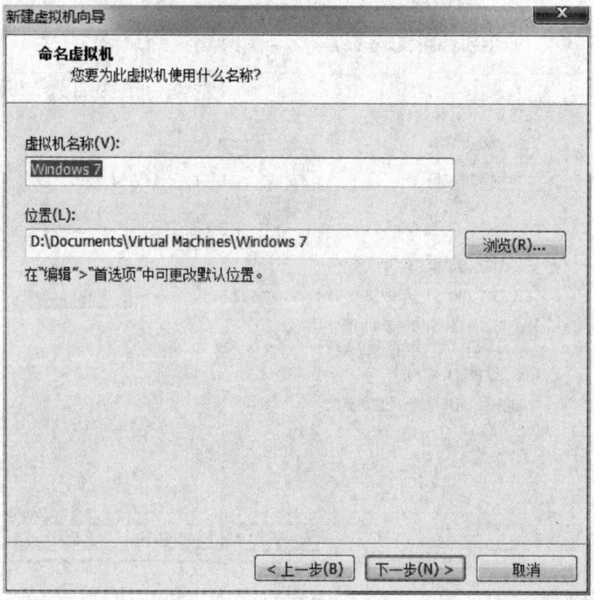

新建虚拟机向导
命名虚拟机
您要为此虚拟机使用什么名称?
虚拟机名称(V):
Windows 7
位置(L):
D:\Documents\Virtual Machines\Windows 7
浏览(R)...
在"编辑">"首选项"中可更改默认位置。
< 上一步(B)
下一步(N) >
取消

图 2-46

(6)选择磁盘容量,单击“下一步”按钮,如图 2-47 所示。

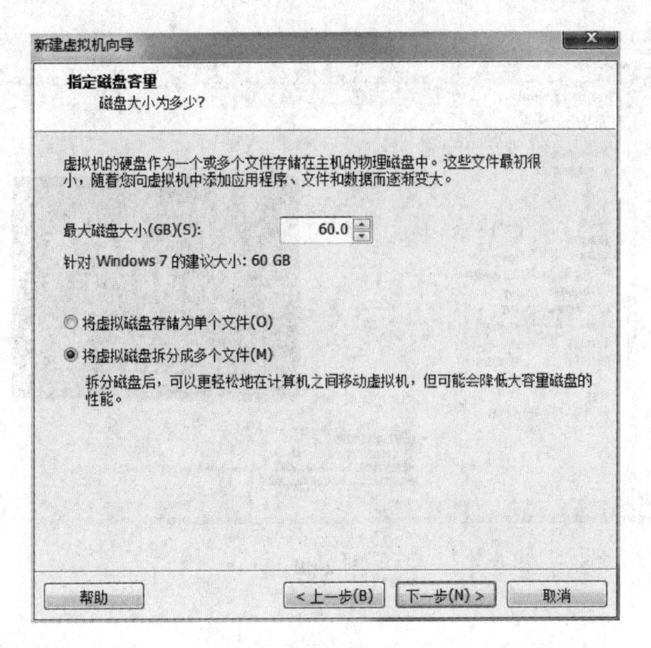

图 2-47

(7)完成虚拟机的创建,单击“完成”按钮,如图 2-48 所示。

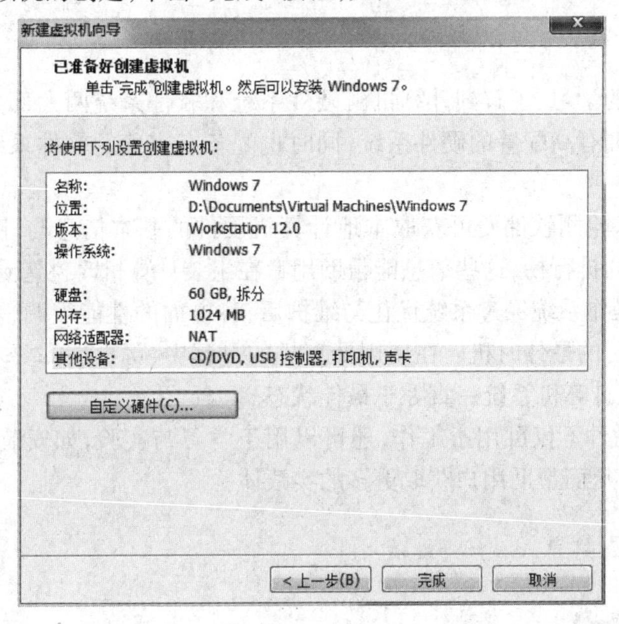

图 2-48

(8)选择“开启此虚拟机”命令即可运行此虚拟机,如图 2-49 所示。

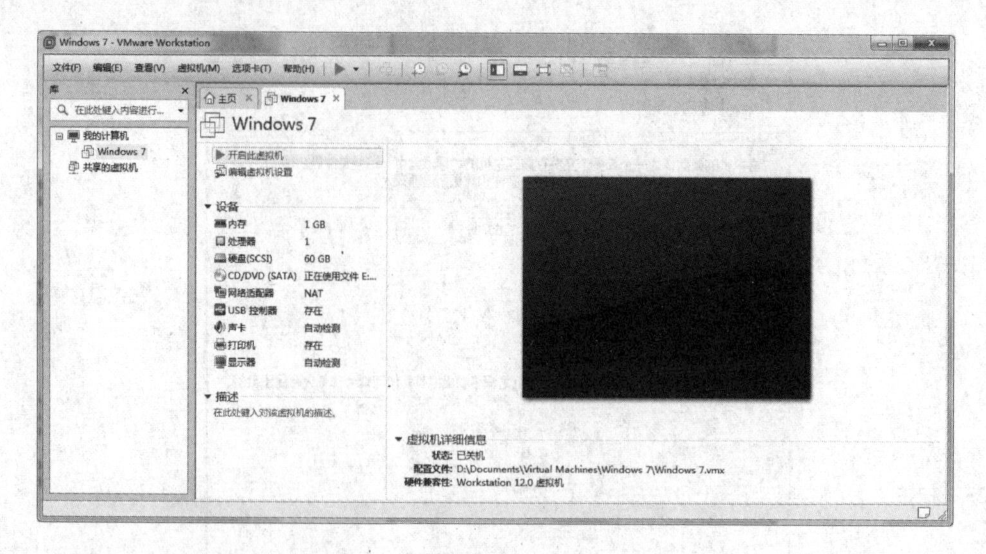

图 2-49

模块小结

通过本模块的学习,了解到计算机由硬件系统和软件系统两大部分构成。一台高效的计算机必定拥有高配置的硬件系统,同时也配备有完善的软件系统。需要注意的要点如下:

(1)通过硬件检测软件便可获取本地计算机硬件的基本信息与性能情况,还可了解目前热门硬件的排行榜,这些信息能帮助用户在组装计算机时挑选到合适的配件。

(2)安装的操作系统经过系统优化与维护后,各方面的性能被调整到最佳状态,此时是备份操作系统的最佳时机。在使用计算机的过程中,可根据需要对系统进行备份和更新,从而保证计算机系统一直处于最佳状态。

(3)虚拟机软件不仅可用于工作,还可以用于学习与实验,如安装操作系统、配置网络共享等实验,从而帮助用户获取更多的实践体验。

自我测试

(1)下载并且安装以下 4 款软件:鲁大师、一键 Ghost、老毛桃、VMware Workstation。

(2)使用鲁大师检查家用计算机的硬件信息。

(3)使用一键 Ghost 备份家用计算机的操作系统。

(4)使用老毛桃制作系统 U 盘。

(5)在 VMware Workstation 上创建一个虚拟系统。

模块三 办公软件

办公软件在现代化办公中成为了必不可少的工具，它可以帮助用户制作完成各种各样的文档，如文字文档、电子表格文档、演示文稿文档等，同时这些文档通过网络进行传输，实现了快速分享，帮助用户节约了工作成本，实现了远程协同工作，提高了办公效率。

[任务一]

NO.1

认识电子邮箱

在全球化的社会里,学习分享与工作交流不再局限于一个房间里,通常会涉及不同地域与不同时间上的沟通,通过电子邮件的往来,可以快速便捷地实现跨时空的交流对话,从而及时完成相应的任务。电子邮件是一种用电子手段提供信息交换的通信方式,是互联网应用最广的服务。电子邮件可以是文字、图像、声音等多种形式。

通过本任务的学习,你将能够:

- 了解电子邮件地址的构成;
- 了解电子邮箱的分类和功能;
- 了解 VIP 邮箱和企业邮箱的特有功能;
- 认识常用的电子邮箱;
- 掌握收发电子邮件的方法。

活动一　了解电子邮件地址的构成与电子邮箱的分类

1.电子邮件地址的构成

通过电子邮件系统,用户可以在联网的计算机上以非常快速的方式,与世界上任何一个角落的网络用户联系。电子邮箱具有单独的网络域名。

电子邮件地址的格式:用户名@ 域名。

- 用户名　代表用户邮箱的账号,对于同一个邮件接收服务器来说,这个账号必须是唯一的;
- @　分隔符,表示“在”的意思;
- 域名　用户邮箱的邮件接收服务器域名,用以标志其所在的位置。

电子邮件的起源与发展历程

知识拓展

请扫描二维码了解电子邮件的起源与发展历程。

2.电子邮箱的分类

在日常生活与工作中,不同的人群对电子邮箱有不同的需求,目前主要有 3 种邮箱:个人免费邮箱、VIP 邮箱、企业邮箱。

- 个人免费邮箱　普通用户都可免费申请,主要用于个人邮件的收发,邮箱地址以服务商域名结尾。
- VIP 邮箱　服务商提供的收费邮箱服务,比免费邮箱具有更多的独有功能。

• 企业邮箱　一般为企业注册申请，以企业的域名作为邮件地址的结尾，以体现企业形象。企业邮箱主要用于企业的商业信息沟通，方便企业对员工的统一管理，以保证员工手中掌握的公司信息不外流。企业邮箱归企业所有，员工只能在规定的权限内使用。与个人邮箱相比，企业邮箱更加安全、稳定、快捷，功能更强大，服务更全面。

活动二　认识常见的免费电子邮箱

1.QQ 邮箱

QQ 邮箱是腾讯公司 2002 年推出的，向用户提供安全、稳定、快速、便捷电子邮件服务的邮箱产品，其用户已超过 1 亿人。QQ 邮箱以高速电信骨干网为强大后盾，拥有独立的境外邮件出口链路，可免受境内外网络瓶颈影响，实现全球传信。QQ 邮箱采用高容错性的内部服务器架构，确保任何故障都不影响用户的使用，使用户可以随时随地稳定登录邮箱，收发邮件通畅无阻。QQ 邮箱的主界面如图 3-1 所示。

图 3-1

2.网易邮箱

网易邮箱是网易公司推出的网络邮箱。网易邮箱在中国的市场占有率自 2003 年起，一直高居全国第一。网易邮箱旗下有 8 个邮箱子品牌：163 免费邮、126 免费邮、yeah 免费邮、163VIP、126VIP、188 财富邮、专业企业邮、免费企业邮。网易邮箱的登录界面如图 3-2 所示。

3.新浪邮箱

新浪邮箱是新浪网推出的向用户提供电子邮件服务的邮箱产品。新浪邮箱提供以 sina.com 和 sina.cn 为后缀的免费邮箱。新浪邮箱的登录界面如图 3-3 所示。

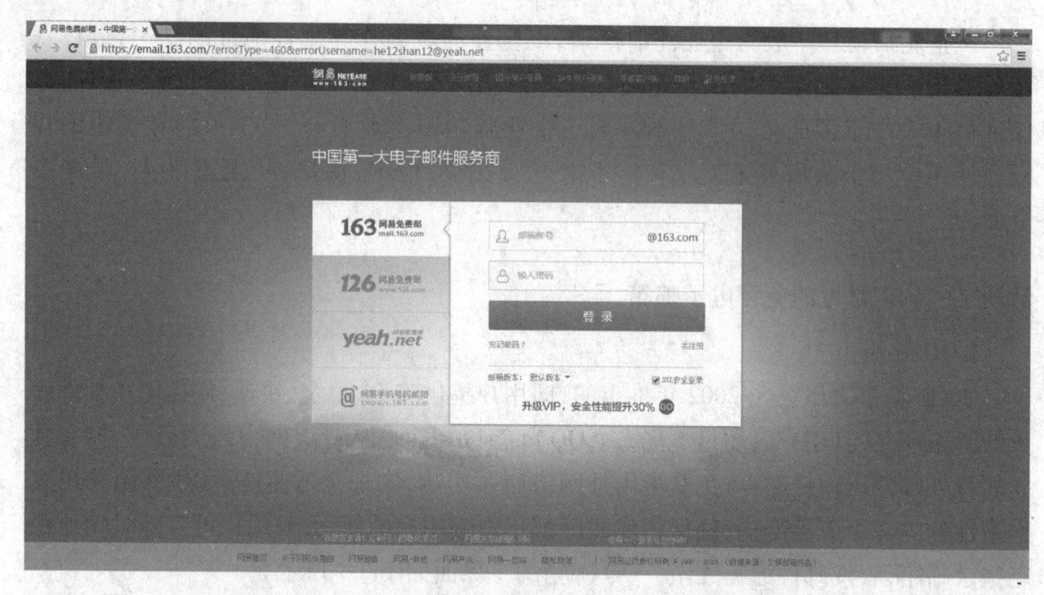

图 3-2

图 3-3

4.263 企业邮箱

263 企业邮箱是中国首批电子邮箱，其特点为：拥有国家级反垃圾技术和防病毒技术；数据安全保密、可审计；海内外邮件收发无阻；技术专家 7×24 小时值守。263 企业邮箱已为 13 万家企业，超过 600 万企业用户提供快速、安全、稳定的企业邮箱服务。263 企业邮箱的登录界面如图 3-4 所示。

活动三　了解各类邮箱的相应功能

1.电子邮箱的基本功能

● 发送邮件　发送的邮件包括普通邮件、群邮件、贺卡、紧急邮件。在邮件发送页面，用户可以直接输入邮件的内容，也可以添加附件，还可以实现定时发送、多址投送等功能，如图 3-5 所示。

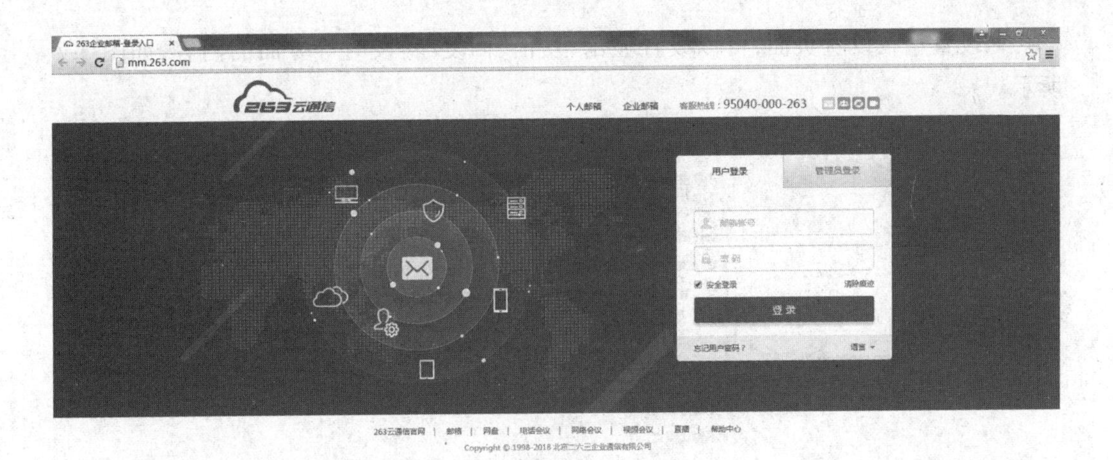

图 3-4

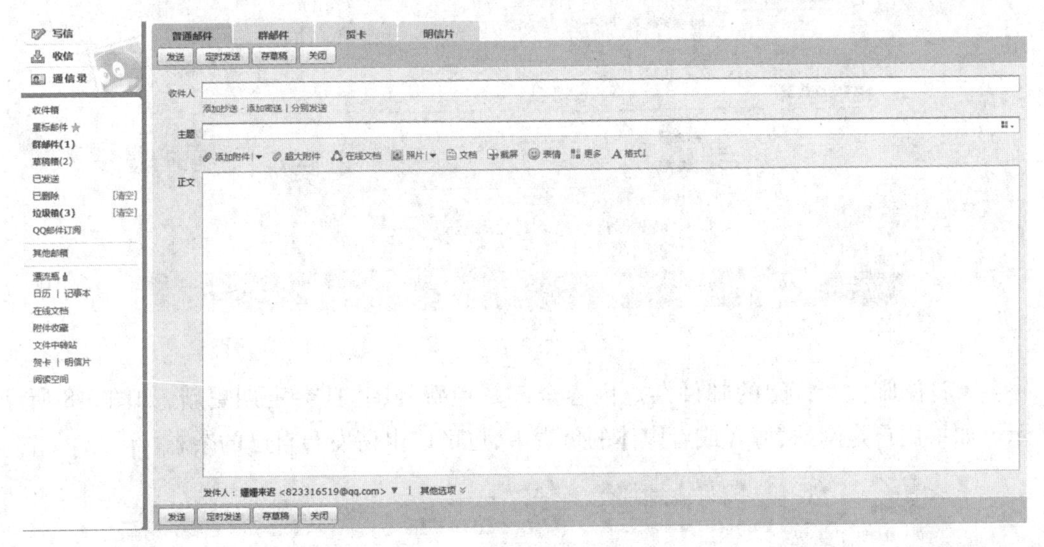

图 3-5

• 接收邮件　在收件箱中，对收到的邮件可以进行删除、移动、标记、转发等操作，如图 3-6 所示。

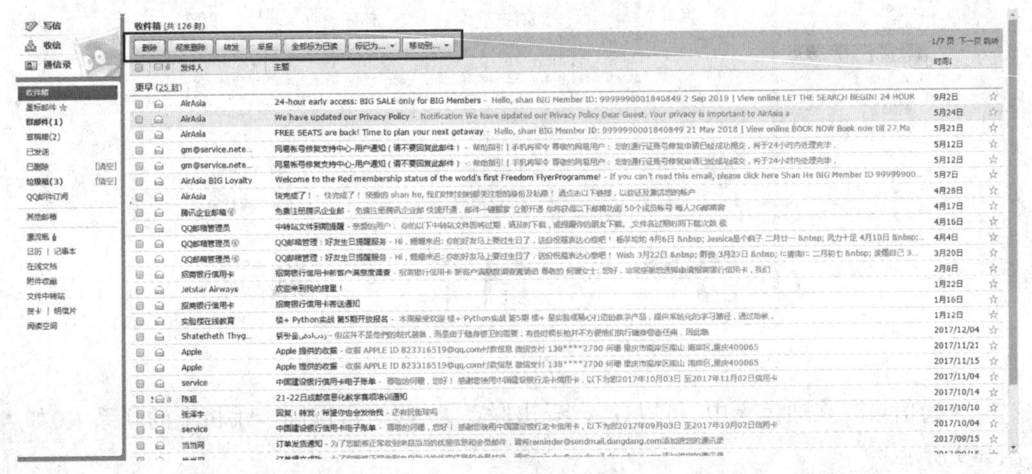

图 3-6

• 设置　在设置页面，可以设置显示、发信、回复/转发时等方面的内容，如图 3-7 所示。

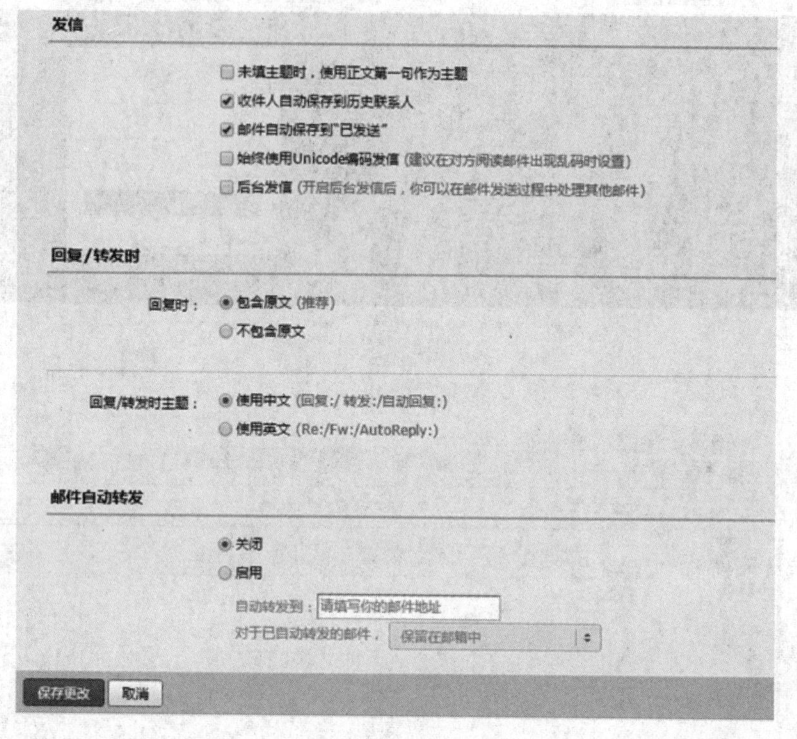

图 3-7

• 订阅邮件　订阅的邮件杂志内容全部是免费的，并且会定期更新，如图 3-8 所示。如果用户是网站、博客或者媒体的负责人，也可以申请发布自己的杂志。

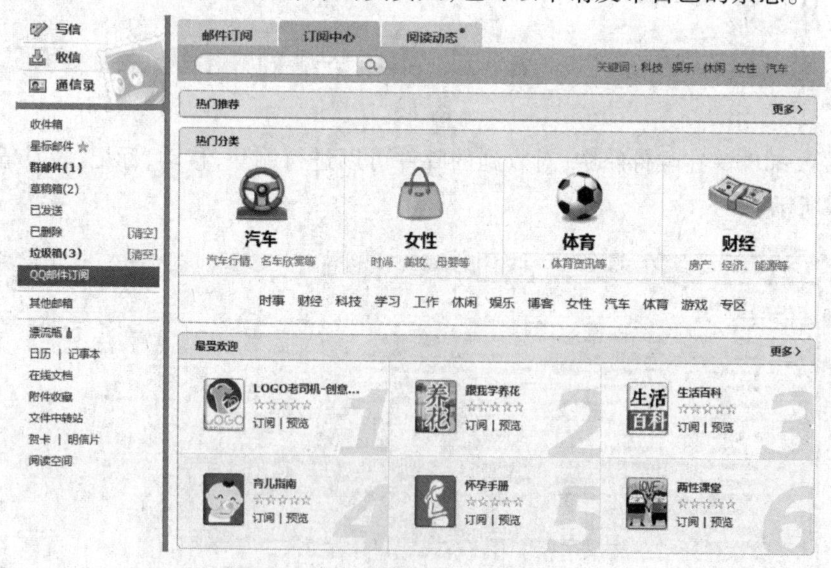

图 3-8

• 通信录　在通信录中，可以导入、导出联系人，同时可以同步手机上的联系人，如图 3-9 所示。

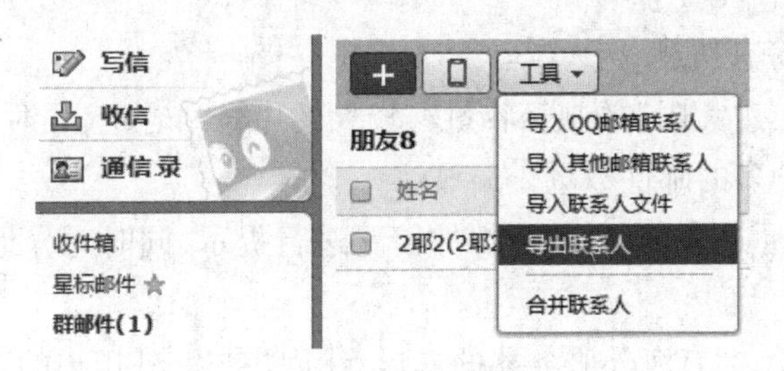

图 3-9

• 文件中转站　可以将要发送的文件先上传到中转站，如图 3-10 所示，在写邮件时，能快速地从中转站添加已上传的文件到邮件里。中转站有存储容量和存放时间的限制，其相当于一个临时网盘。

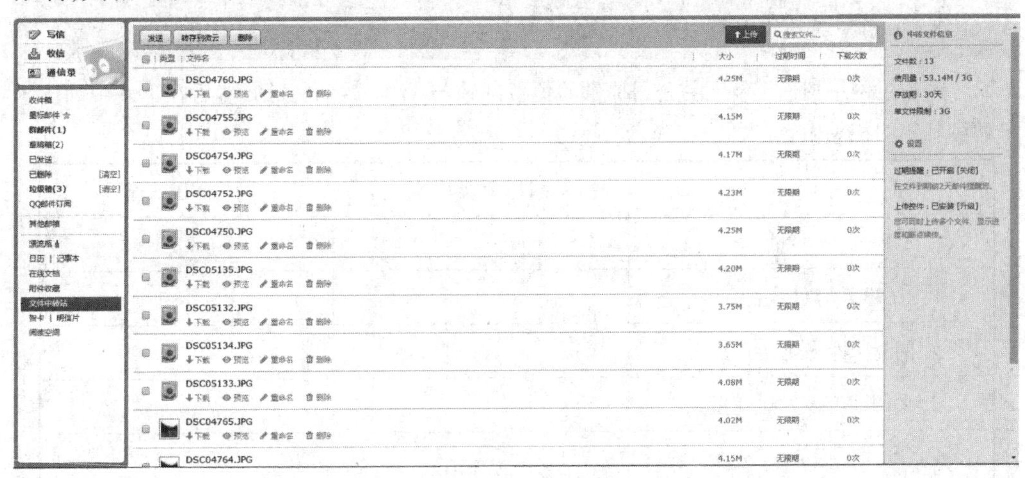

图 3-10

• 在线文档　在在线文档页面，用户可以导入外部文档，然后在页面中进行编辑，并且可以发送或分享给其他用户，让其他用户也可以对此文档进行编辑，如图 3-11 所示。

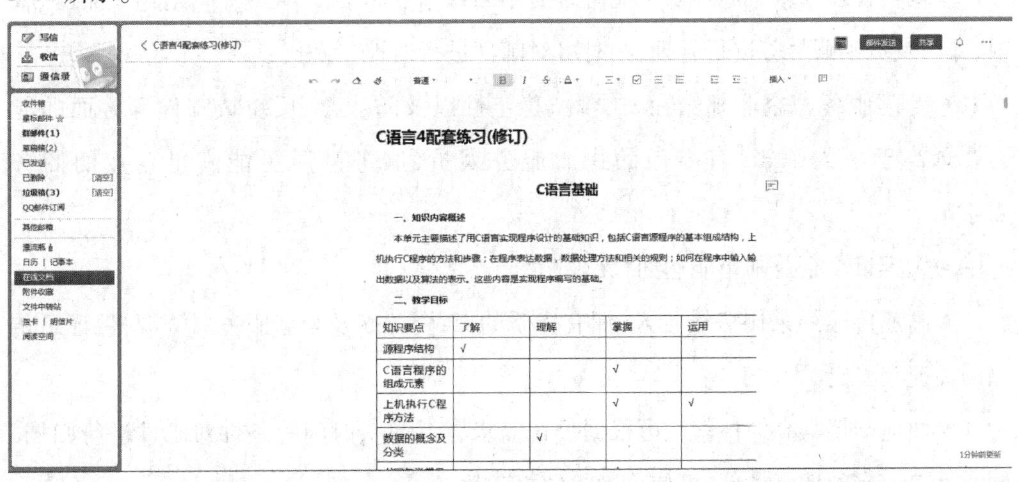

图 3-11

2.VIP 邮箱的特有功能

• 大容量　拥有“无限”的邮箱容量与较大的中转站容量，同时可以添加超大的附件，单次可以发送较多的邮件数量。

• 来信通知　通过短信，对各种邮件情况进行提示，同时对异地登录、密码更改等情况进行提示。

• 海外服务器　拥有海外服务器的支撑，让用户与海外用户的沟通更加畅通无阻。

• 文件误删恢复　能够恢复 10 天内被彻底删除的邮件或中转站文件。

• 安全防护　能够自动拦截垃圾邮件，并能对病毒邮件进行过滤。

• 管理服务　用户可随时咨询邮箱使用中遇到的问题，会得到即时的回复与处理。

做一做

请通过网络搜索了解网易公司提供的免费邮箱与 VIP 邮箱的区别，然后在下表中列出两种邮箱的相关内容。

内容	网易免费邮箱	网易 VIP 邮箱
邮箱容量		
群发邮件数目		
网盘大小及上传速度		
采用通道及发送速度		
服务		

3.企业邮箱的特有功能

• 科学管理　服务商提供了完善且易用的管理控制平台，在其中可对组织架构、权限、部门及员工账号等进行管理，同时可对邮件进行监控、备份、还原。

• 专门服务　企业邮箱在安全性、稳定性以及防病毒、反垃圾邮件等方面的能力要远高于个人邮箱，有专门的售后服务人员，服务品质更能满足企业的商务需求。

• 大容量　企业邮箱能达到“无限”存储。

• 高速传输　采用多线接入，拥有优质的 IP 资源库及全球服务器资源，保证了传输的高速和稳定。

• 便捷归档与高效检索　可根据公司需求，按用户、时间等条件对邮件进行归档，同时拥有丰富的搜索条件，可使检索邮件更高效。

• 特殊功能定制　根据企业的特殊需求，可为其设置特殊功能。

做一做

请通过网络搜索了解网易企业邮箱、236企业邮箱、腾讯企业邮箱的收费标准和各自的特有功能,完成下表的填写。

企业邮箱	收费标准	特有功能
网易企业邮箱		
236企业邮箱		
腾讯企业邮箱		

知识拓展

请扫描二维码了解163域名、126域名、yeah域名。

163域名、126域名、yeah域名

做一做

(1)通过以下两种方式进入QQ邮箱:从QQ客户端登录、从QQ邮箱网页登录。

(2)注册一个网易126域名的电子邮箱账号。

(3)使用电子邮箱写封电子邮件发送给自己的朋友。

(4)写封电子邮件同时发送给5个人。

(5)写封电子邮件发送给朋友A,抄送给朋友B。

(6)设置自动回复邮件功能。

(7)简述电子邮箱的作用。

知识拓展

请扫描二维码了解电子邮件的收发原理。

电子邮件的收发原理

[任务二]

NO.2

认识文档处理软件

在人们的工作和学习中会用到大量的文字信息,通过相应的编辑软件对文字进行统一的编辑处理后,可以使内容更加清晰明了,便于人们使用、阅读。

通过本任务的学习,你将能够:

- 掌握记事本的使用技巧;
- 认识 Office 的主要成员。

活动一　认识记事本

在 Windows 操作系统中,记事本是一个自带的应用程序,采用一个简单的文本编辑器进行文字信息的记录和存储。记事本只具有新建、保存、打印、查找、替换功能,其打开速度快,文件小,只支持纯文本。

1.使用记事本获得纯文本

复制网页中的所有内容,如图 3-12 所示,粘贴到记事本中,记事本将会去除所有的格式和嵌入的媒体,只保留文字内容,如图 3-13 所示。

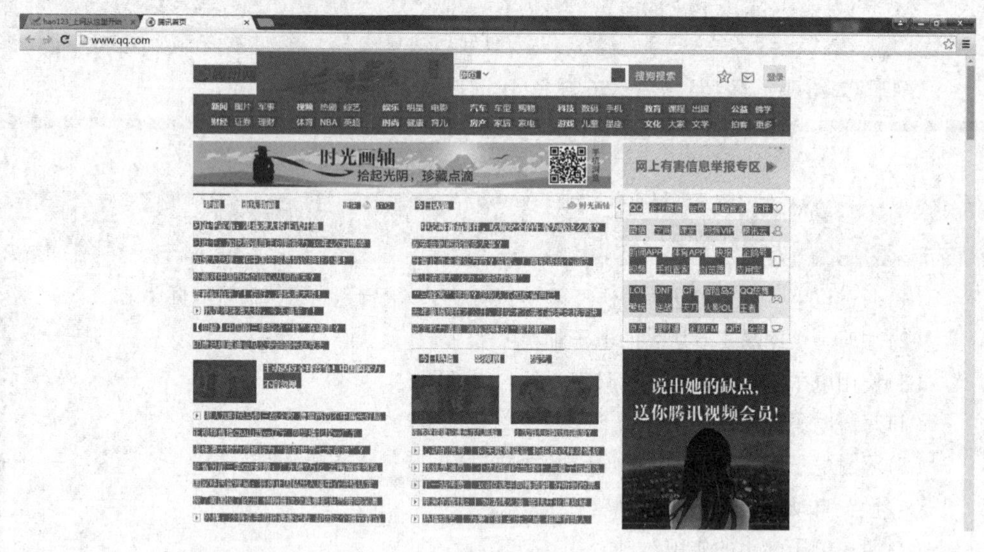

图 3-12

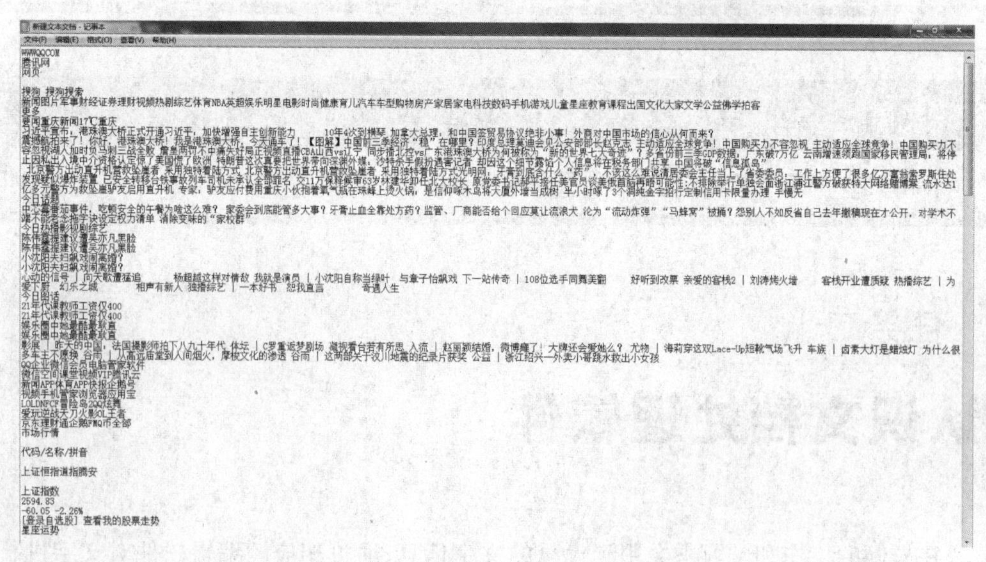

图 3-13

2.记事本作为程序语言编辑器

记事本可以保存无格式文件，可把记事本编辑的文件保存为 html、java、asp 等格式。因此，记事本可作为程序语言的编辑器，可以在记事本中编写源程序，如图 3-14 所示，但是在执行该文件前需要对计算机进行相应的配置，才可以对该文件进行编译。

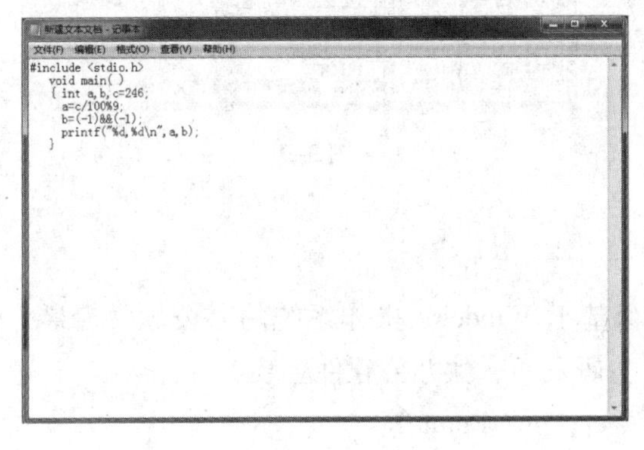

图 3-14

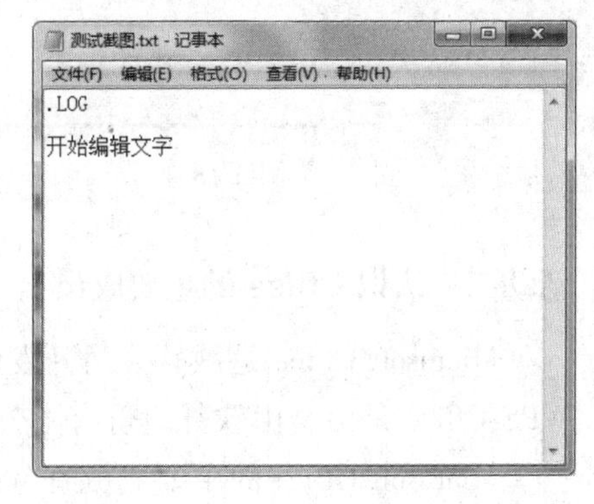

图 3-15

3.记事本作为电子日记本

在记事本文件的第一行输入“.LOG”(必须大写)之后，按回车键换行，从第三行开始编辑文字，如图 3-15 所示。保存后关闭，再次打开会在结尾处显示编辑日期及时间，如图 3-16 所示。每次更新后都会在更新的内容后自动添加上新的日期和时间，这样记事本可以作为日记本使用，如图 3-17 所示。

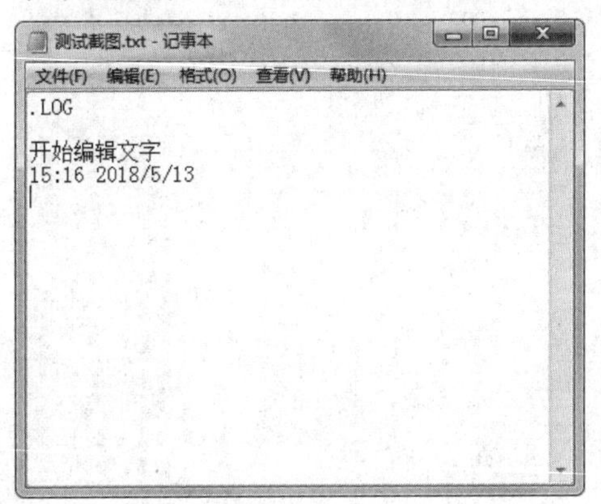

图 3-16

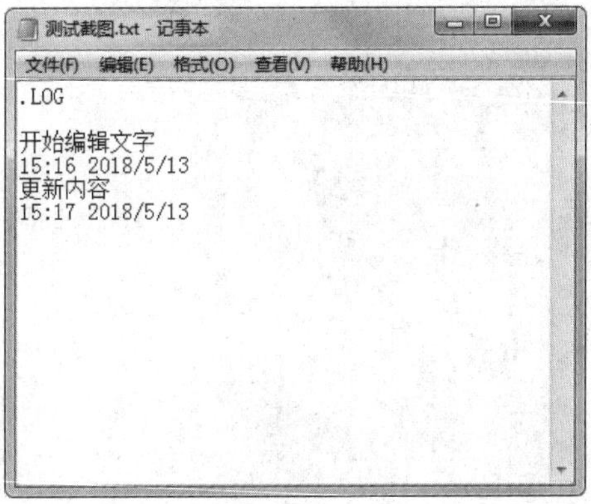

图 3-17

4.记事本作为文本阅读器

选择记事本中的“格式”菜单，在下拉列表中勾选“自动换行”，如图 3-18 所示，会让记事本下方的滚动条自动消失，只显示右侧滚动条，如图 3-19 所示。此操作使使用记事本阅读文本更方便。

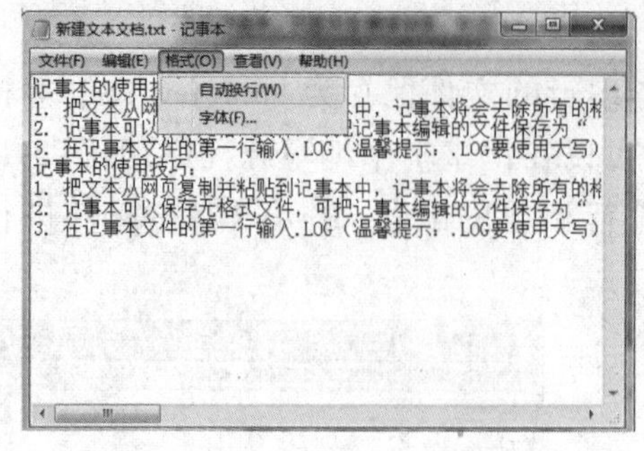

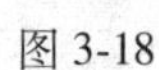

图 3-18

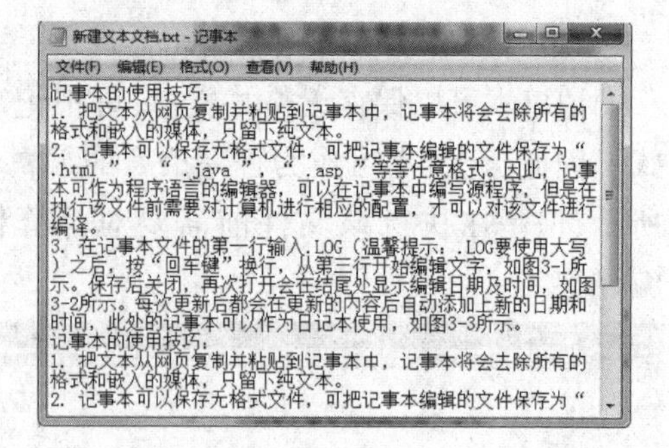

图 3-19

活动二　认识 Office 的主要成员

Microsoft Office 是微软公司开发的一套基于 Windows 操作系统的办公软件套装。WPS Office 是由金山软件股份有限公司自主研发的一款办公软件套装。

Microsoft Office 的主要成员有 Word、Excel、PowerPoint 等。

- Word　用于编辑图文文档或文本文档，拥有强大的文本编辑功能，其主界面如图 3-20 所示。

图 3-20

- Excel　用于编辑电子表格，进行数据处理，其主界面如图 3-21 所示。
- PowerPoint　用于编辑制作演示文稿，其主界面如图 3-22 所示。

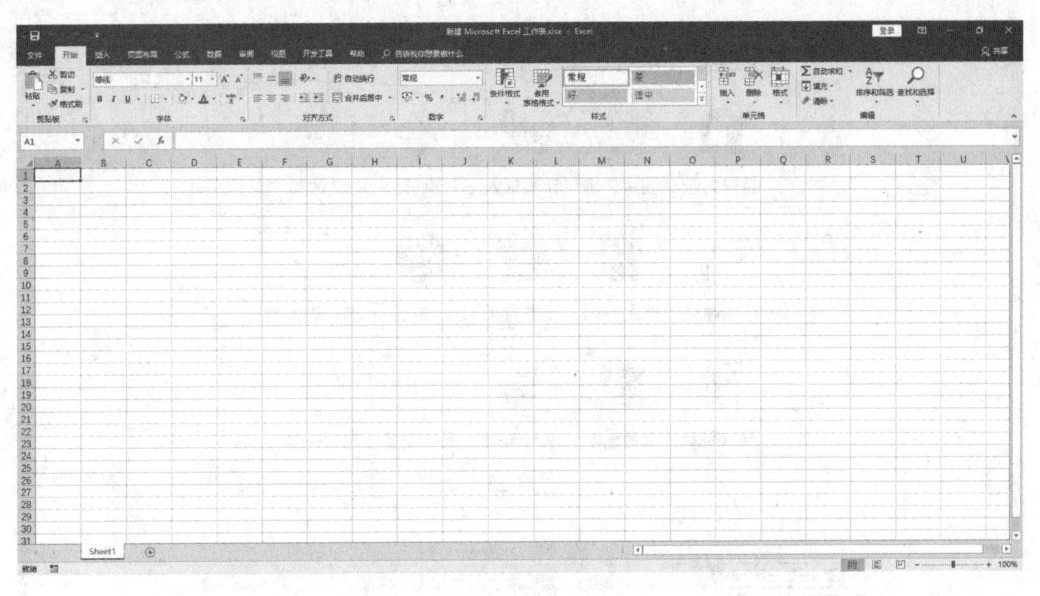

图 3-21

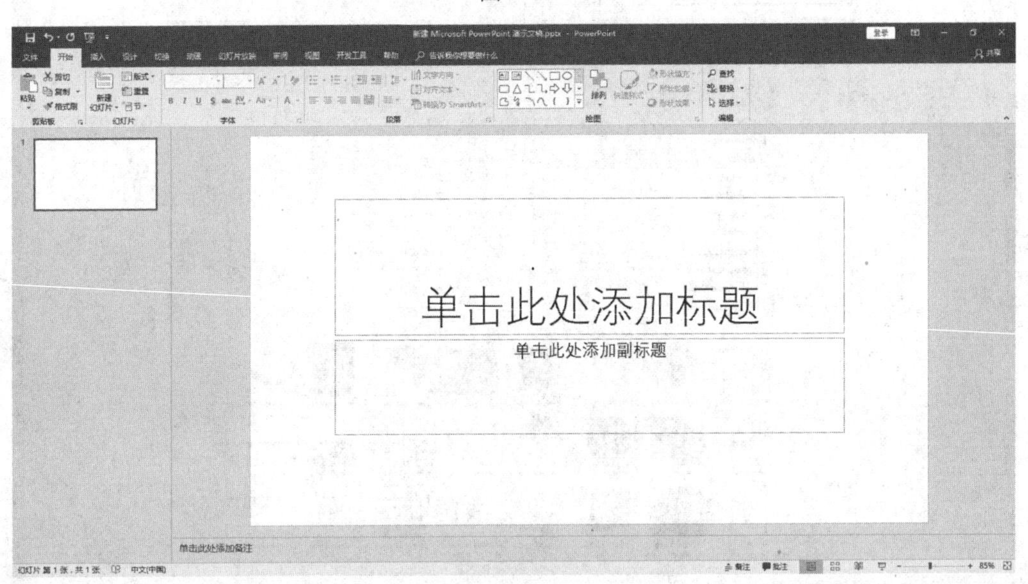

图 3-22

知识拓展

1.输入法软件

目前常用的输入法有搜狗拼音、搜狗五笔、谷歌拼音、极点五笔等。搜狗拼音输入法的设置界面如图 3-23 所示。

2.获取文档中的素材

将 pptx 文件的后缀改为 rar，可得到压缩包，再将压缩包进行解压，可以获取 PPT 中的视频、图片等素材，如图 3-24 所示。该方法也适用于 Word 文件。

图 3-23

图 3-24

[任务三]

NO.3

认识阅读软件

在日常的工作和学习中，人们每天都需要浏览各种各样的信息，受各种因素的影响，信息会存放在不同格式的文档中，面对专业的文档格式，只有使用对应的阅读软件

才能查看。通过本任务的学习,你将能够:

- 认识 PDF 文档;
- 认识常用的阅读软件。

活动一　认识 PDF 文档

PDF(Portable Document Format,便携文件格式)是一种电子文件格式,由 Adobe 公司开发。PDF 文件在 Windows、Unix、Mac OS 操作系统中都是通用的,这一特点使它成为在 Internet 上进行电子文档发布和数字化信息传播的理想文档格式。越来越多的电子图书、产品说明、公司文告、网络资料、电子邮件在使用 PDF 格式文件。

PDF 文件格式可以将文字、字型、格式、颜色及独立于设备和分辨率的图形图像等封装在一个文件中。该格式文件还可以包含超文本链接、声音和动态影像等电子信息,支持特长文件,其集成度和安全可靠性都较高。PDF 文件是以 PostScript 语言图像模型为基础,无论在哪种打印机上打印都可保证精确的颜色和准确的打印效果,即 PDF 会忠实地再现原稿的每一个字符、颜色以及图像。

活动二　认识常用的阅读软件

1.Adobe Reader

Adobe Reader 是美国 Adobe 公司开发的一款 PDF 文件阅读软件,使用 Adobe Reader 可以查看、打印和管理 PDF 文件,还能在 PDF 中添加批注,其主界面如图 3-25 所示。

图 3-25

2.福昕阅读器

福昕阅读器是福昕公司推出的 PDF 阅读软件,凭借完全自主知识产权和领先全球的整套 PDF 软件核心技术,为全球用户提供 PDF 生成、编辑、加工、保护、搜索、显示、打印、安全分发、归档等涵盖 PDF 文档生命周期的技术和解决方案。福昕阅读器的主界面如图 3-26 所示。

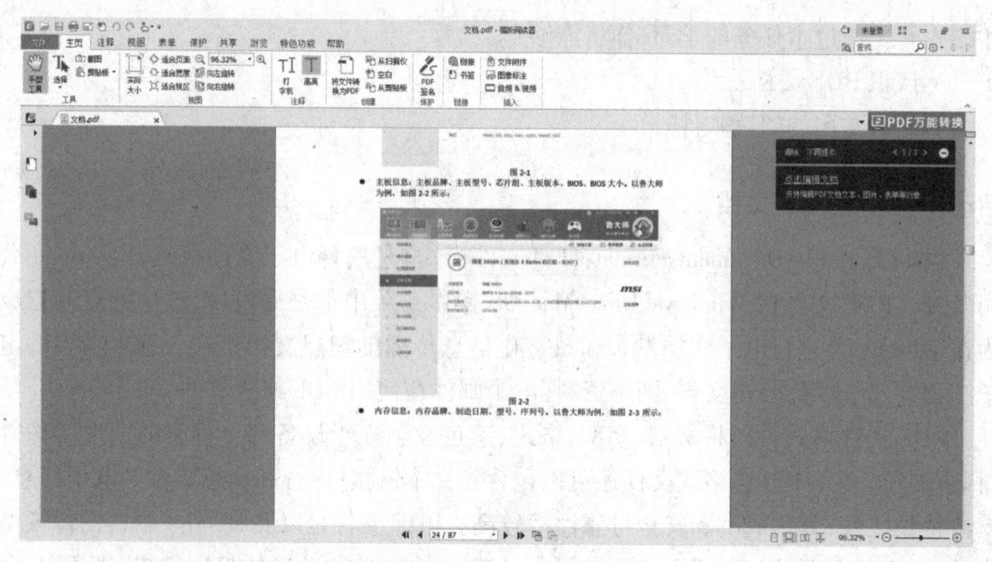

图 3-26

3.极速 PDF 阅读器

极速 PDF 阅读器是一款国产的 PDF 阅读软件,其体积小,启动速度快,十分轻巧,且占用内存极少;提供单页、书本模式个性阅读,又有全屏、幻灯片等功能,用户可随心切换;独有的目录提取、精准搜索功能让用户的阅读更轻松、更省事。极速 PDF 阅读器的主界面如图 3-27 所示。

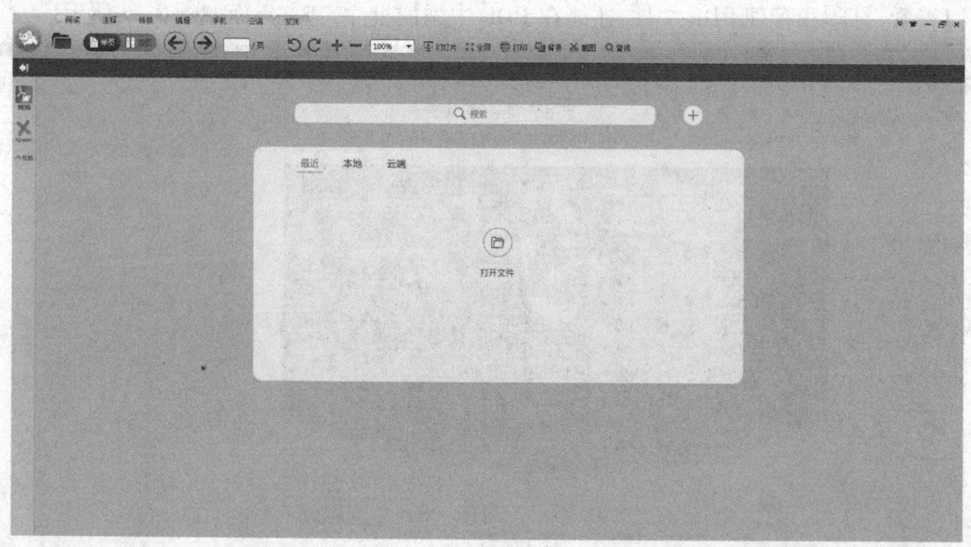

图 3-27

知识拓展

1.PDF 编辑软件与 PDF 格式转换软件

如果想对 PDF 文件完成更多的编辑操作,可以使用专门的编辑软件,如图 3-28 所示。如果想将 PDF 文件转换成 Word 文件需要使用专门的格式转换软件,如图 3-29 所示。

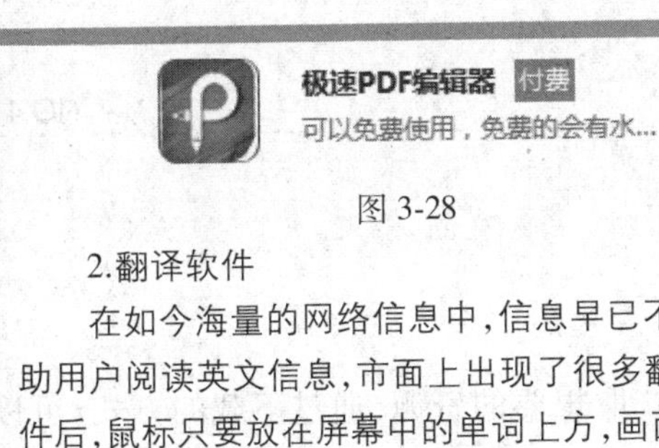

图 3-28

图 3-29

2.翻译软件

在如今海量的网络信息中，信息早已不再局限为汉字信息，还有许多英文信息，为了帮助用户阅读英文信息，市面上出现了很多翻译软件，如有道词典、金山快译等。启动翻译软件后，鼠标只要放在屏幕中的单词上方，画面中会自动显示出其中文翻译。有道词典的主界面如图 3-30 所示。

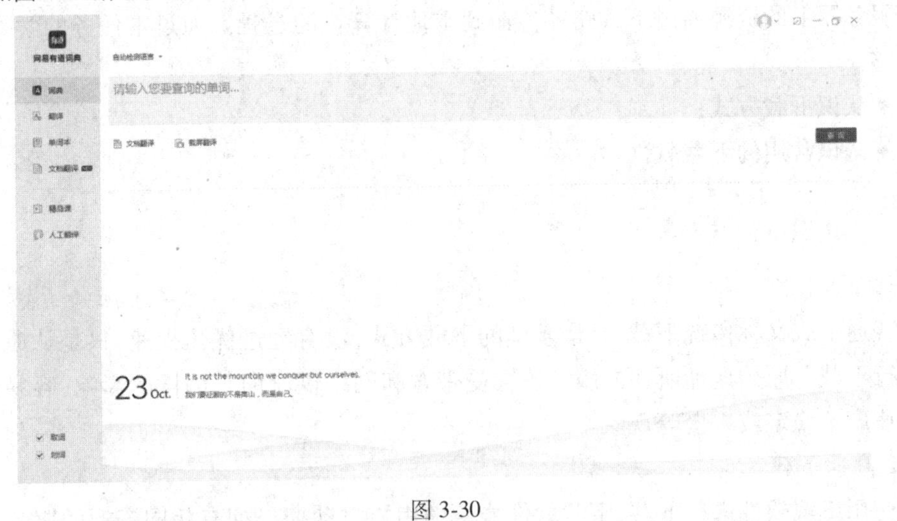

图 3-30

做一做

选择一款 PDF 阅读器，尝试为 PDF 文件添加注释和标签，范例如图 3-31 所示。

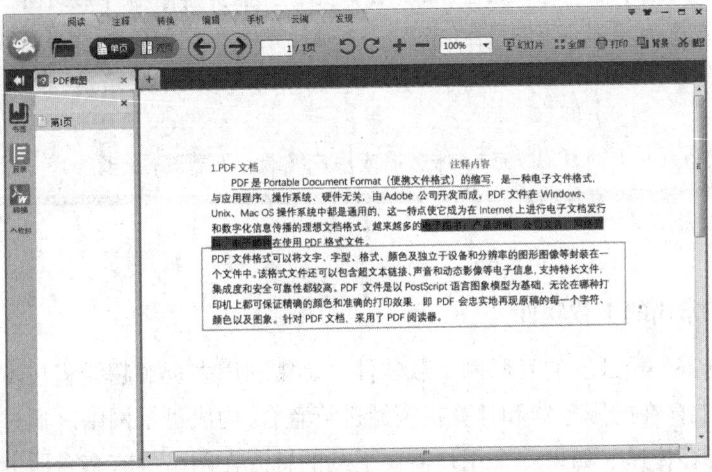

图 3-31

[任务四]

NO.4

认识下载软件

在工作和学习中,人们常常需要从网络中获取想要的资源,通过下载的方式,可以将网络资源保存到本地计算机中。从网络上下载文件到本地计算机的过程其实就是将网络服务器上的资源通过下载路径传输到本地计算机的过程。通过本任务的学习,你将能够:

- 认识下载方式;
- 认识常用的下载软件。

活动一 认识下载方式

1.普通下载

普通下载又称传统下载,是最基础的下载方式,没有经过优化提速,只是从原始地址进行下载。原始地址所在的服务器会受带宽和网络供应商等因素的影响,容易出现下载速度不稳定或缓慢等现象。

2.高速下载

使用下载软件进行下载,下载软件能帮助用户自动搜寻拥有相同资源的服务器并进行连接,同时提供给用户多条传输路径,实现最优路径选择,从而实现高速下载。

知识拓展

数据下载的传输方式

单线程方式:服务器→下载路径→本地计算机,一个服务器,一条下载路径。

多线程方式:服务器→下载路径(多条)→本地计算机,一个服务器,多条下载路径。

点对服务器(Point to Server,P2S)方式:服务器(多个)→下载路径(多条)→本地计算机。

点对点(Peer to Peer,P2P)方式:服务器或用户终端→下载路径(多条)→本地计算机。

活动二 认识常用的下载软件

迅雷是迅雷公司开发的互联网下载软件。迅雷利用多资源超线程技术基于网格原理,能将网络上存在的服务器和计算机资源进行整合,构成迅雷网络。通过迅雷网络各种数据文件能够传递。如果一个用户需要下载的资源在网络中有多台服务器和多个用户都有,那么迅雷可以将多处的资源整合在一起,同时向用户传输,大大加快了用户的下载速度。迅雷的主界面如图 3-32 所示。

图 3-32

知识拓展

压缩软件

对于下载和上传数量较多的单个文件或者容量较大的文件，往往需要进行压缩和解压操作，这时就需要使用压缩软件。常用的压缩软件有 WinRAR、360 压缩、快压等。

做一做

（1）使用迅雷下载一部电影，以截图的方式保存操作过程，再为每张图配上文字说明一起放入 Word 文档中。

（2）观察图 3-33 至图 3-35，请说明分别采用的是哪种下载方式。

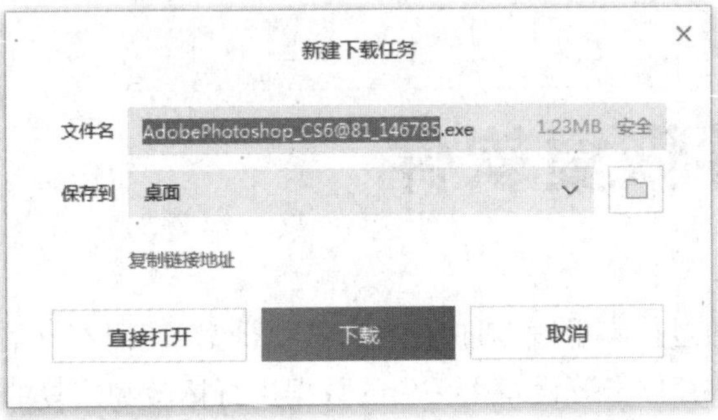

新建下载任务

文件名 AdobePhotoshop_CS6@81_146785.exe 1.23MB 安全

保存到 桌面

复制链接地址

直接打开 下载 取消

图 3-33

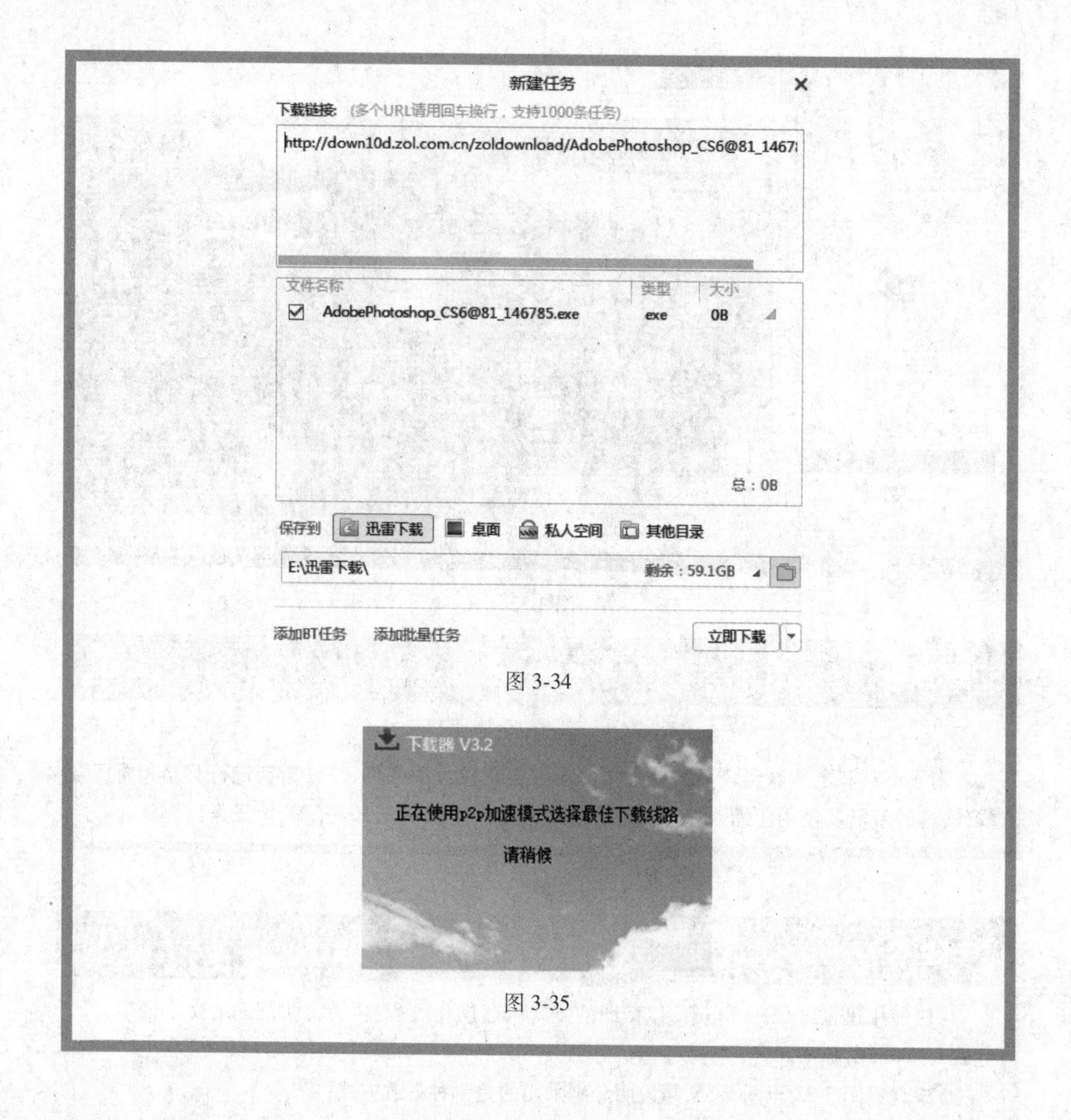

图 3-34

图 3-35

[任务五]

NO.5

认识文件恢复软件

数据恢复是指通过技术手段，对保存在台式机硬盘、笔记本电脑硬盘、服务器硬盘、移动硬盘、U 盘、数码存储卡等设备上丢失的数据进行抢救和恢复的技术。通过本任务的学习，你将能够：

- 了解文件恢复的内容；
- 认识常用的文件恢复软件。

活动一 了解文件恢复的内容

1.数据丢失的原因

(1)逻辑故障

逻辑故障是指与文件系统有关的故障。硬盘数据的写入和读取,都是通过文件系统来实现的。如果磁盘文件系统损坏,那么计算机就无法找到硬盘上的文件和数据。逻辑故障造成的数据丢失,大部分情况是可以通过数据恢复软件解决的。

(2)硬件故障

硬件故障是造成数据意外丢失的主要原因之一,常有雷击、高压、高温等造成的电路故障,高温、振动碰撞等造成的机械故障,存储介质老化造成的物理坏磁道扇区故障等。

因硬件故障需要进行数据恢复,需要先诊断并修复相关的硬件,然后再修复其他的软件,最终才可能将数据成功恢复。

2.与文件恢复有关的概念

计算机上的文件恢复包括两个方面:一方面是恢复因操作失误不小心删除的重要文件,另一方面是恢复已经被格式化的文件。

- 存放文件 在硬盘上存放文件,需先在文件分配表上登记(记录文件的名称、大小、文件内容在数据区的起始地址),然后将文件内容放入数据区。
- 删除文件 系统只是在文件分配表内的该文件前面写入了一个删除标志,表示该文件已被删除,它所占用的空间已被"释放",其他文件可以使用它占用的空间。
- 格式化操作 将所有文件都加上删除标志,或干脆将文件分配表清空,系统将认为硬盘分区上不存在任何内容。格式化操作其实并没有对数据区做任何操作,目录空了,但内容还在。

友情提示

因为磁盘的存储特性,当用户不需要硬盘上的数据时,数据并没有被拿走,而是被加上了删除标记,但是磁盘上的数据被覆盖后,再想找回就很困难了,有时找回的也可能是错误的数据。因此保证数据安全的重要方法是定期备份,并备份到多处。

活动二 认识常用的文件恢复软件

针对被删除与被格式化的数据,可以尝试使用数据恢复软件对数据进行恢复。

1.EasyRecovery

EasyRecovery 是一个硬盘数据恢复工具,能够帮助用户恢复丢失的数据以及重建文件系统。EasyRccovery 提供了完善的数据恢复解决方案,如删除文件恢复、格式化恢复、分区丢失恢复等,其主界面如图 3-36 所示。

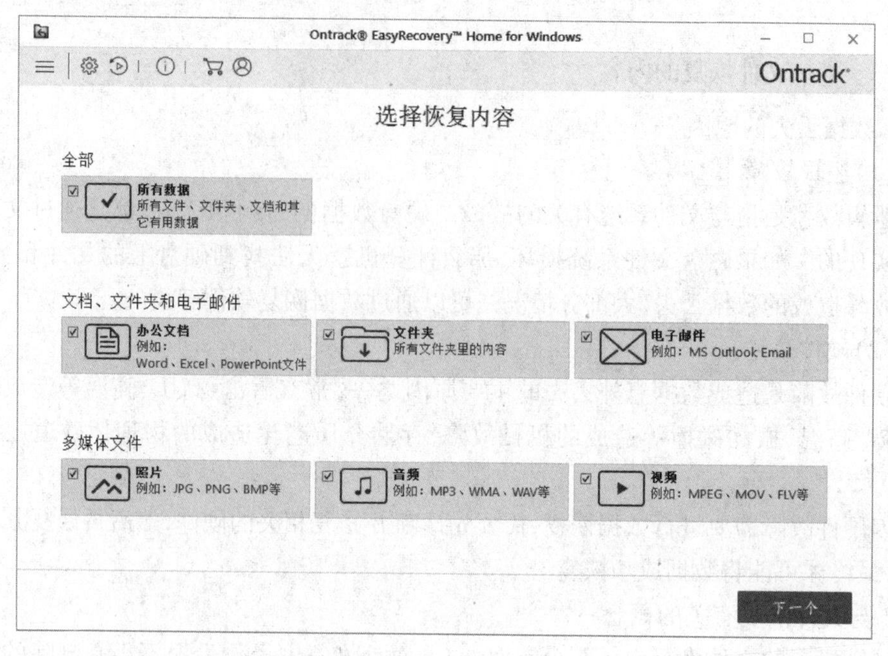

图 3-36

2.安易硬盘数据恢复软件

安易硬盘数据恢复软件是一款文件恢复功能非常全面的软件，能够恢复经过回收站删除掉的文件、被 Shift+Delete 键直接删除的文件和目录、快速格式化/完全格式化的分区、分区表损坏和盘符无法正常打开的 RAW 分区数据、在磁盘管理中删除掉的分区、被重新分区过的硬盘数据、被第三方软件做分区转换时丢失的文件等。它用只读的模式来扫描文件数据信息，在内存中组建出原来的目录文件名结构，不会破坏源盘内容。其支持常见的 NTFS、FAT/FAT32、exFAT 分区的文件恢复，支持普通本地硬盘、USB 移动硬盘、SD 卡、U 盘等的数据恢复。安易硬盘数据恢复软件的主界面如图 3-37 所示。

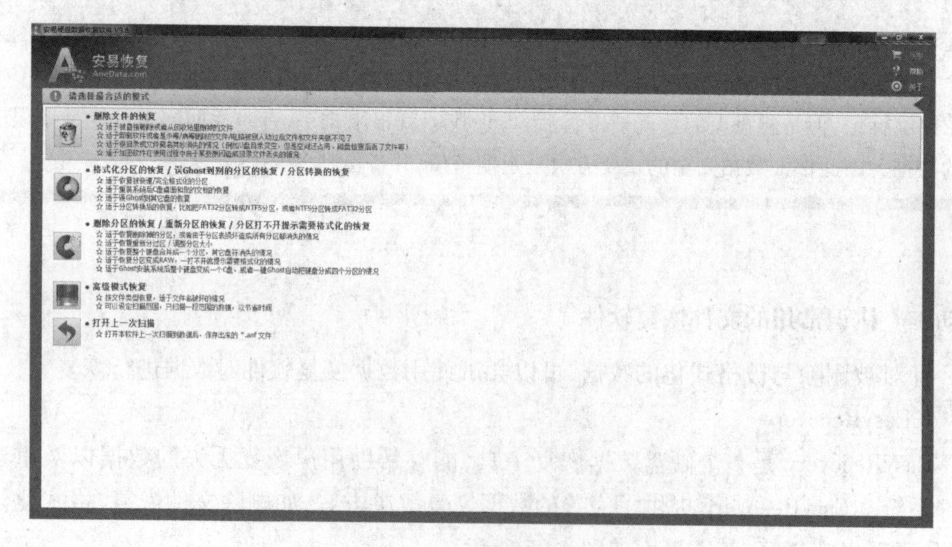

图 3-37

3.R-Studio

R-Studio 是一款功能强大的反删除和数据恢复软件,它采用独特的数据恢复新技术,为恢复 FAT12/16/32、NTFS、NTFS5、Ext2FS/Ext3FS(OSX LINUX 文件系统)以及 UFS1/UFS2(FreeBSD/OpenBSD/NetBSD 文件系统)分区的文件提供了最为广泛的数据恢复解决方案。R-Studio 的主界面如图 3-38 所示。

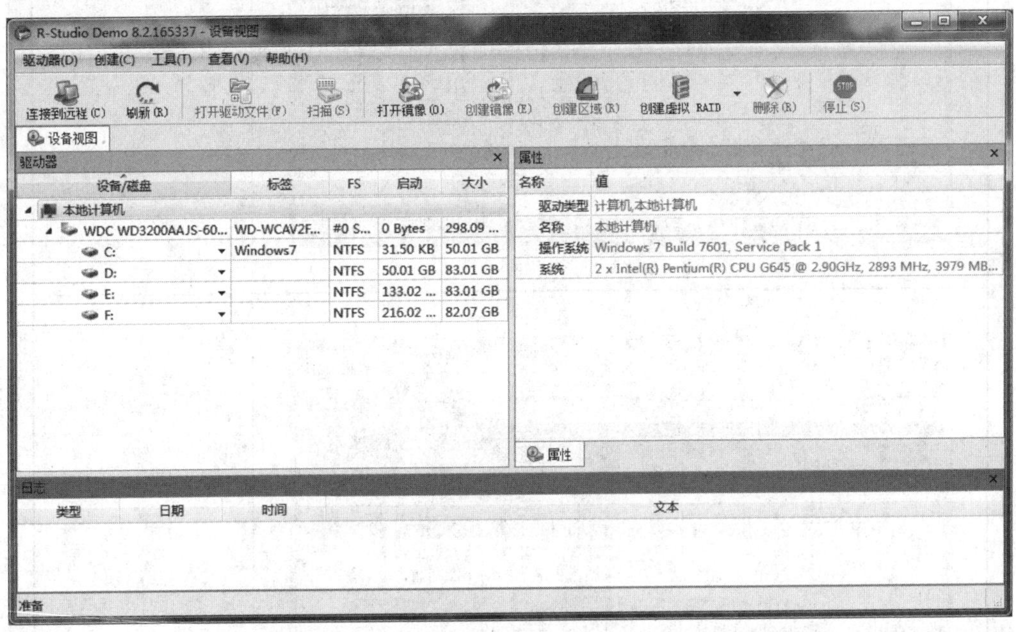

图 3-38

做一做

下面给出了使用 R-Studio 恢复数据的步骤图片,请为其补充相应的文字说明。

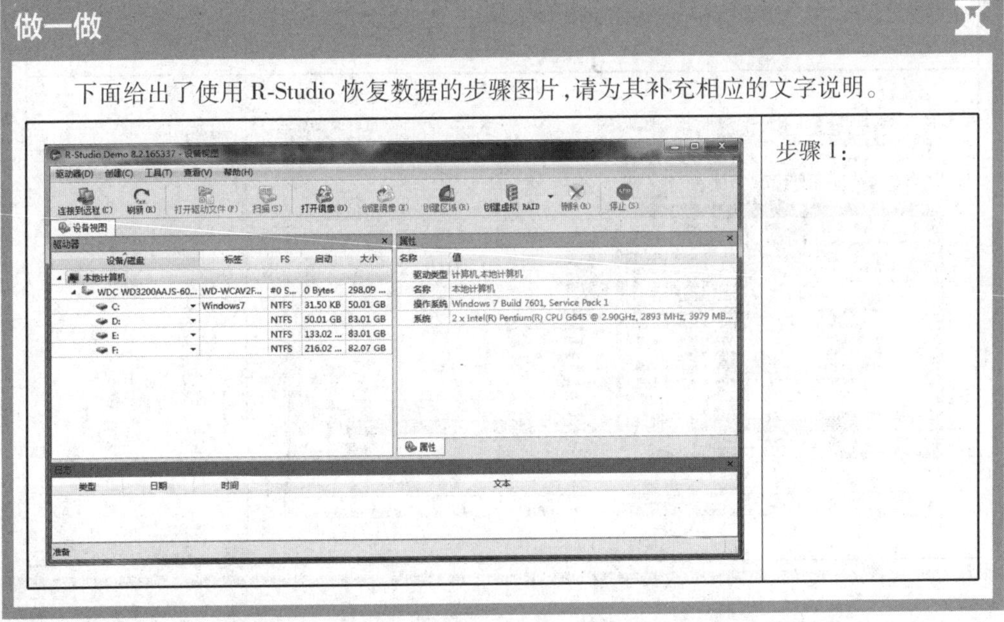	步骤 1:

使用 R-Studio 恢复数据

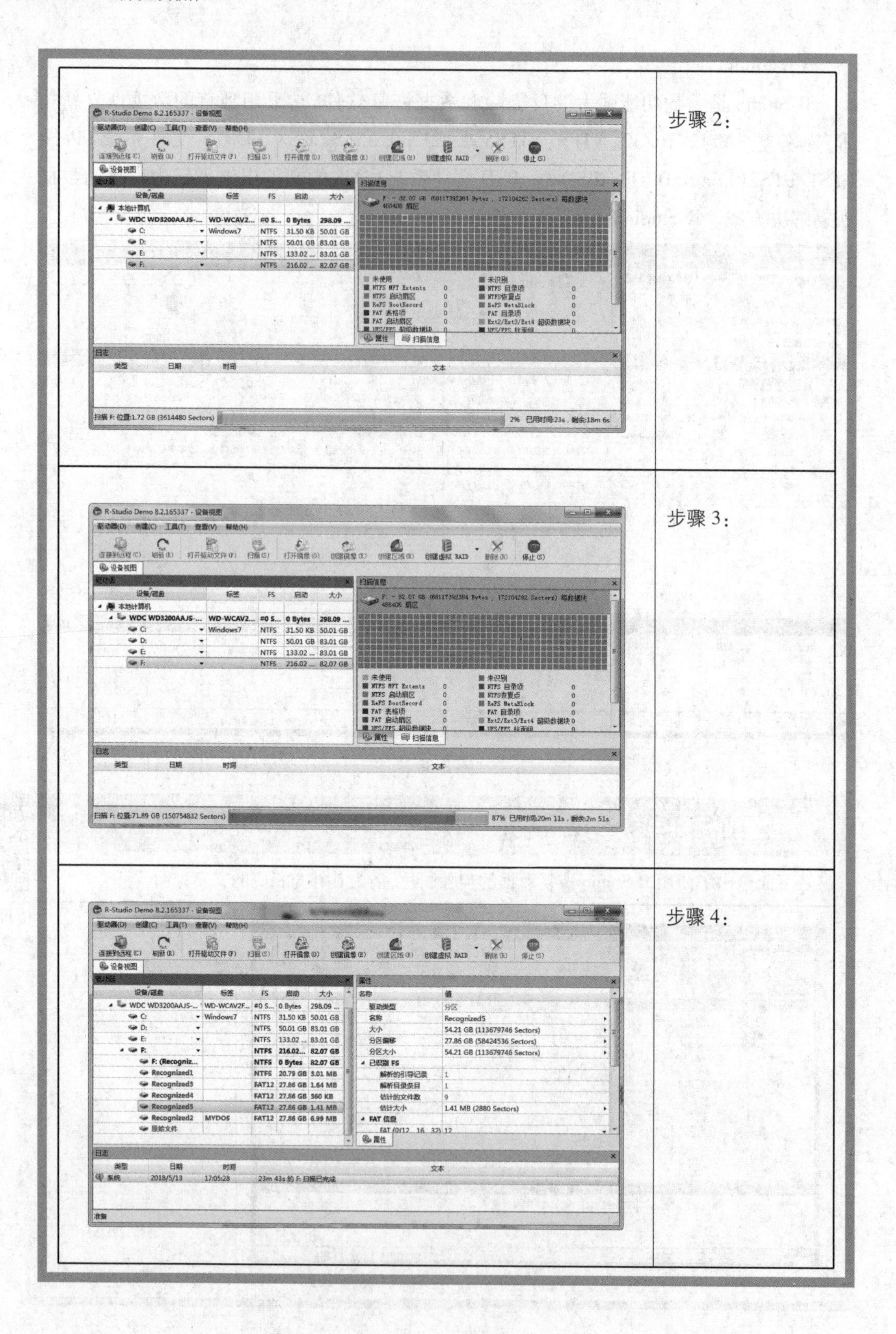
R-Studio Demo 8.2.165337 - 设备视图
步骤 2：
R-Studio Demo 8.2.165337 - 设备视图
步骤 3：
R-Studio Demo 8.2.165337 - 设备视图
步骤 4：

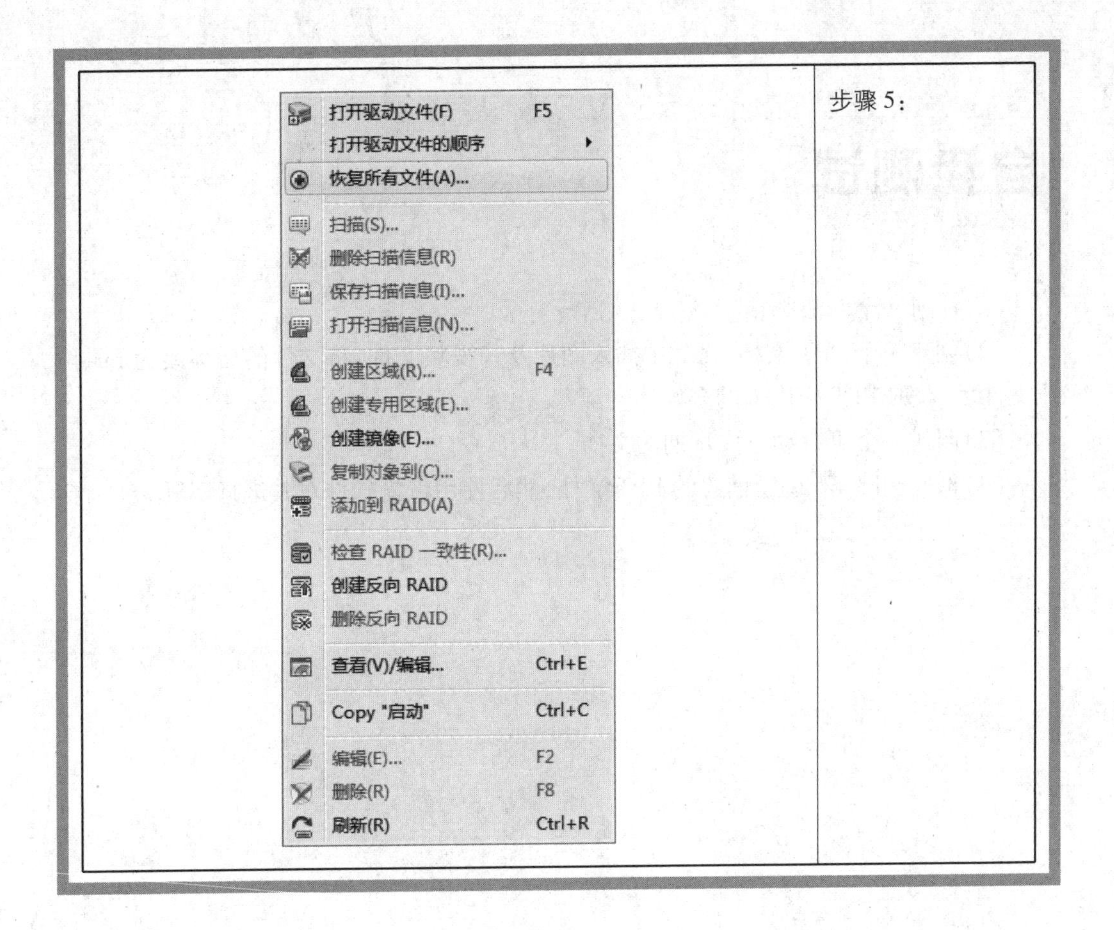

模块小结

通过本模块的学习，了解到办公软件已经成为人们在工作和学习时必不可少的工具，电子邮件使人们的沟通更顺畅，Office 办公软件使内容更美观、清晰，下载软件可帮助人们获取更多的资源，恢复软件则可恢复误删的文件。在使用这些软件时，应该注意以下几点：

（1）给自己的电子邮箱起一个“好名字”，并避免泄露邮箱地址，能有效预防垃圾邮件。

（2）使用下载软件下载的资源，先要检查其安全性，才能使用。

（3）保证重要文件多备份，尽量避免使用恢复软件恢复数据。

自我测试

(1)注册一个新浪邮箱。

(2)创建一个 PPT 文档,在其中插入图片及音视频文件,将文件的后缀改为 rar,解压文件后,获取 PPT 中嵌入的多媒体资源。

(3)制作一个可自动生成日期的文档。

(4)彻底删除第(2)题创建的 PPT 文档,然后使用恢复软件对其进行恢复。

模块四
图形图像软件

从第一张照片的诞生起，内容呈现的方式就不再局限于简单的文字描述，还可以通过图片的方式更加直观地体现。图片作为信息传递的一种有效手段，它在生活中得以广泛使用，从而也出现了大量与图片相关的软件。

[任务一] NO.1

认识看图软件

在计算机中存储图片时，可以采用不同的图片格式，每种图片格式都有其特点，为了方便用户浏览各种格式的图片，出现了专门的看图软件。

通过本任务的学习，你将能够：

- 了解常用的图片格式；
- 认识常用的看图软件。

活动一　了解常用的图片格式

常用的图片格式如下：

- BMP　一种与硬件设备无关的图像文件格式，使用非常广泛，采用位映射存储格式，除了图像深度可选以外，不采用其他任何压缩，所占用的空间很大，与 Windows 程序广泛兼容。
- TIFF（或 TIF）　一种主要用来存储包括照片和艺术图在内的图像文件格式，支持多种编码方法，广泛地应用于对图像质量要求较高的图像存储与转换。
- JPEG（或 JPG）　由一个联合照片专家组制订其标准，是一种有损压缩格式，能够将图像压缩在很小的储存空间，图像中重复或不重要的信息会被丢掉，因此容易造成图像数据的损失。
- PNG　一种无损压缩的图片格式，支持 24 位真彩色图像以及 8 位灰度图像，还支持真彩和灰度级图像的 Alpha 通道透明度。
- GIF　一种基于 LZW 算法的连续色调的无损压缩格式，在一个 GIF 文件中可以存多幅彩色图像。如果把存于一个文件中的多幅图像数据逐幅读出并显示到屏幕上，就可构成一种最简单的动画。

活动二　认识常用看图软件

1.ACDSee

ACDSee 是 ACD Systems 开发的一款看图工具软件，它可快速地开启、浏览大多数影像格式（包括 QuickTime 及 Adobe 格式档案等）的图片；可以将图片放大缩小，调整视窗大小与图片大小配合；可实现全荧幕的影像浏览，并且支持 GIF 动态影像。ACDSee 还可支持 JPG、BMP、GIF 等图像格式的任意转换。ACDSee 的主界面如图 4-1 所示。

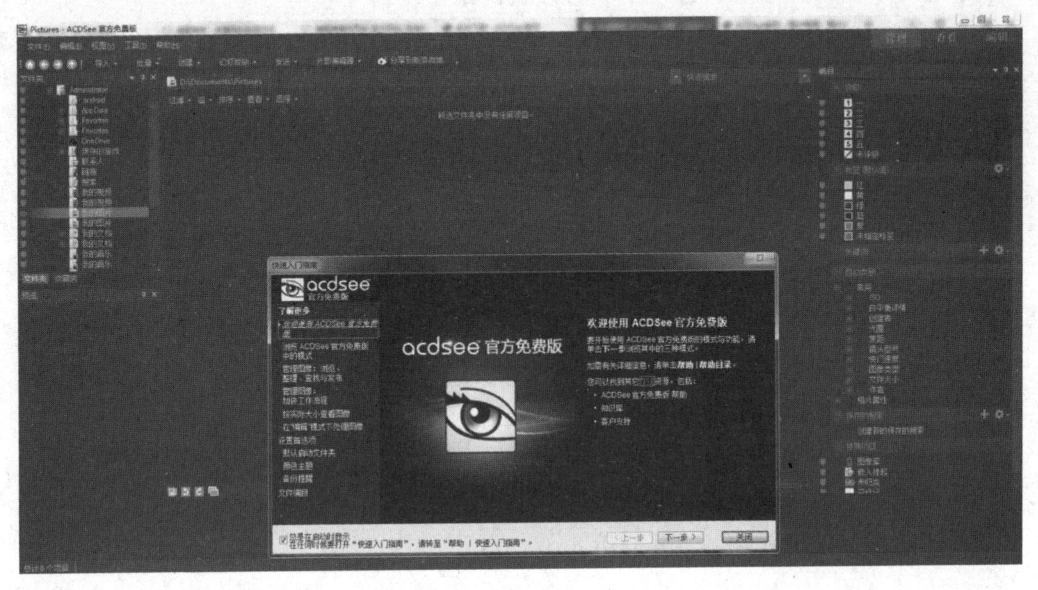

图 4-1

2.美图看看

美图看看由厦门美图移动科技有限公司推出，采用全新的 PEV-II 图像引擎，更好地支持 Intel 和 AMD 核心的 MMX、3DNOW 技术，通过独家多线程运算技术使图片预览速度更快，即点即看。美图看看支持多达 43 种图像格式，采用独创的缓存图片技术，浏览图片的过程中仅占用少量的内存，还可以批量调整图片的容量和格式。美图看看的主界面如图 4-2 所示。

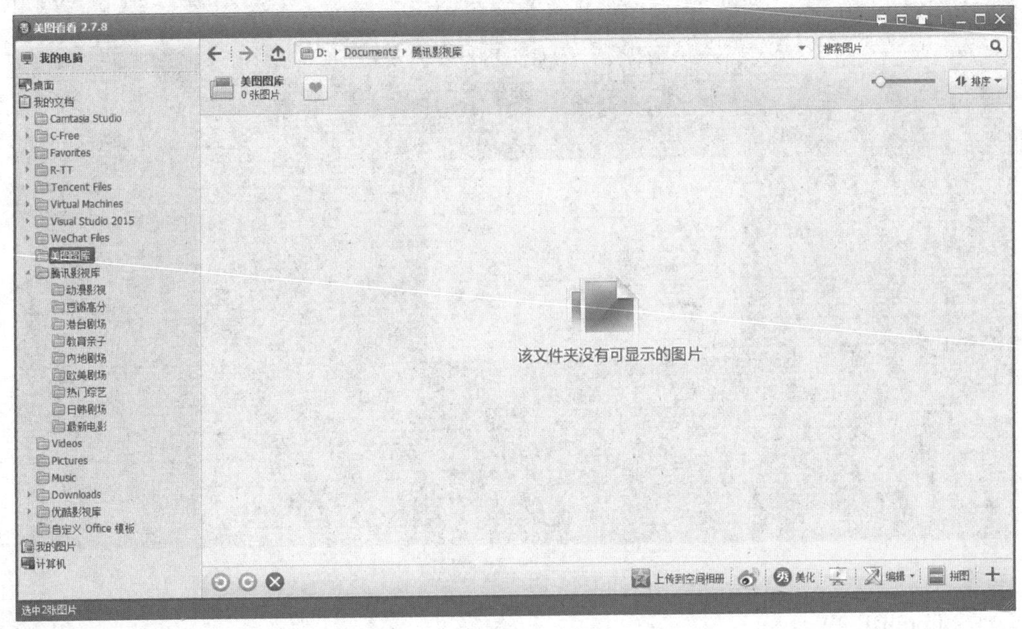

图 4-2

[任务二]

NO.2

认识图像处理软件

图形是指由外部轮廓线条构成的矢量图。图像是由一系列排列有序的像素组成的位图,图像用数字描述像素点、强度和颜色。图像适用于表现含有大量细节(如明暗变化、场景复杂、轮廓色彩丰富)的对象。通过图像处理软件可进行复杂图像的处理,以得到更清晰的图片或产生特殊效果。

通过本任务的学习,你将能够:

- 认识常用的图像处理软件;
- 了解图像处理软件的主要应用。

活动一 认识常见图像处理软件

1.Adobe Photoshop

Adobe Photoshop 是由 Adobe Systems 开发的图像处理软件,可以对图像做各种变换,如放大、缩小、旋转、倾斜、镜像、透视等;可以将多幅图像合成为一幅图像;可以方便快捷地对图像的颜色进行明暗、色偏的调整和校正;还可以为图像制作各种特效。Adobe Photoshop 的主界面如图 4-3 所示。

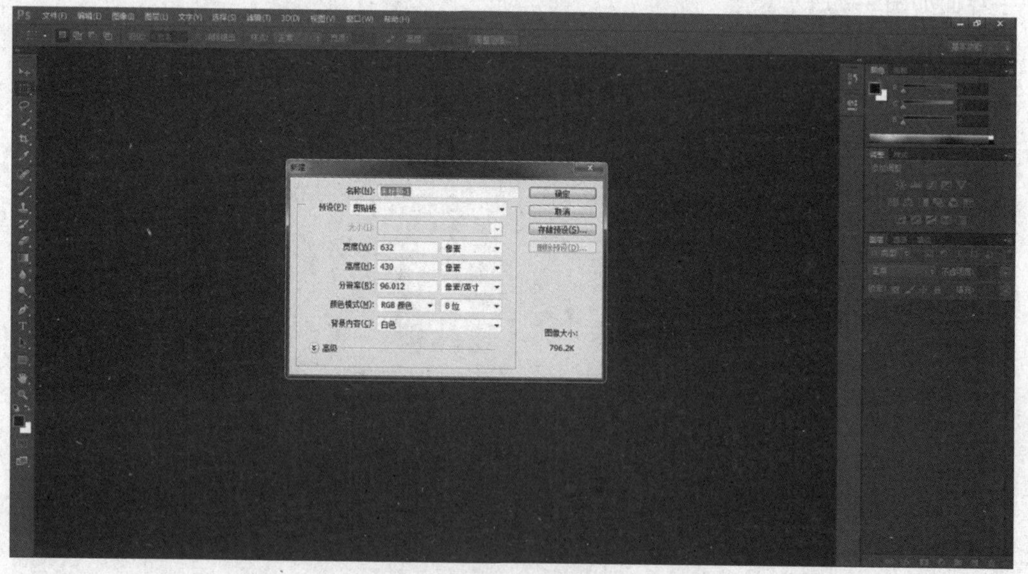

图 4-3

2.CorelDRAW

CorelDRAW 是加拿大 Corel 公司推出的矢量图形制作软件,使用该软件可以完成矢量动画设计、页面设计、位图编辑等多项工作。CorelDRAW 的主界面如图 4-4 所示。

图 4-4

3.美图秀秀

美图秀秀是由厦门美图移动科技有限公司研发、推出的一款免费的图片处理软件。美图秀秀提供了特效、美容、拼图、场景、边框、饰品等功能，可以让用户通过极简单的操作就实现对图片的编辑，还能一键分享到微博、微信等。美图秀秀的主界面如图 4-5 所示。

图 4-5

活动二　了解图像处理软件的主要应用

1.美化图片

可以通过调整图片的亮度、对比度、色彩饱和度等，使图片更加清晰，颜色更鲜艳，层次更分明，达到美化图片的目的，如图 4-6 所示。

图 4-6

2.人像美容

可以消除人物面部的黑眼圈、红眼、色斑、瘢痕等瑕疵，从而美化人物，如图 4-7 所示。

图 4-7

图 4-8

3.拼图

将多张图片拼成一张图，拼接后的效果如图 4-8 所示。

4.抠图

从一张图中选择需要的部分，并且将其独立出来，如扣取一张图片中的人物，将其放在另一个背景中，如图 4-9 所示。

5.制作艺术字

在基本字体的基础上加上一些特殊的效果，使得文字呈现出艺术效果，如图 4-10 所示。

6.图像合成

将多张图片叠放在一个页面上，对衔接处进行加工处理，调整整体色调，使其自然融合成一张图片，如图 4-11 所示。

图 4-9

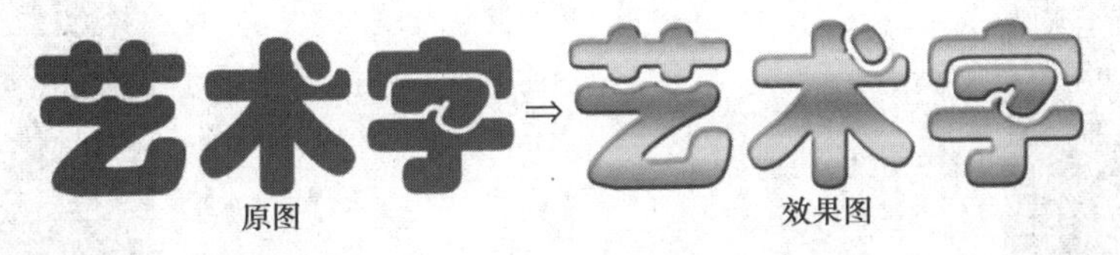

图 4-10

图 4-11

[任务三]

NO.3

认识截图软件

在计算机中为了获取当前画面的内容，可以通过截图的方式快速生成图片，将画面保存下来，以备日后使用或者发送给他人。

通过本任务的学习，你将能够：

- 了解截图的多种方法；
- 认识常用的截图软件。

活动一　了解截图的多种方法

1.使用快捷键直接截图

在 Windows 系统中,按 PrintScreen 键可直接截取整个屏幕的画面(见图 4-12),按 Alt + Printscreen 键将截取活动窗口的画面(见图 4-13),截图的画面会自动保存在系统剪贴板中。

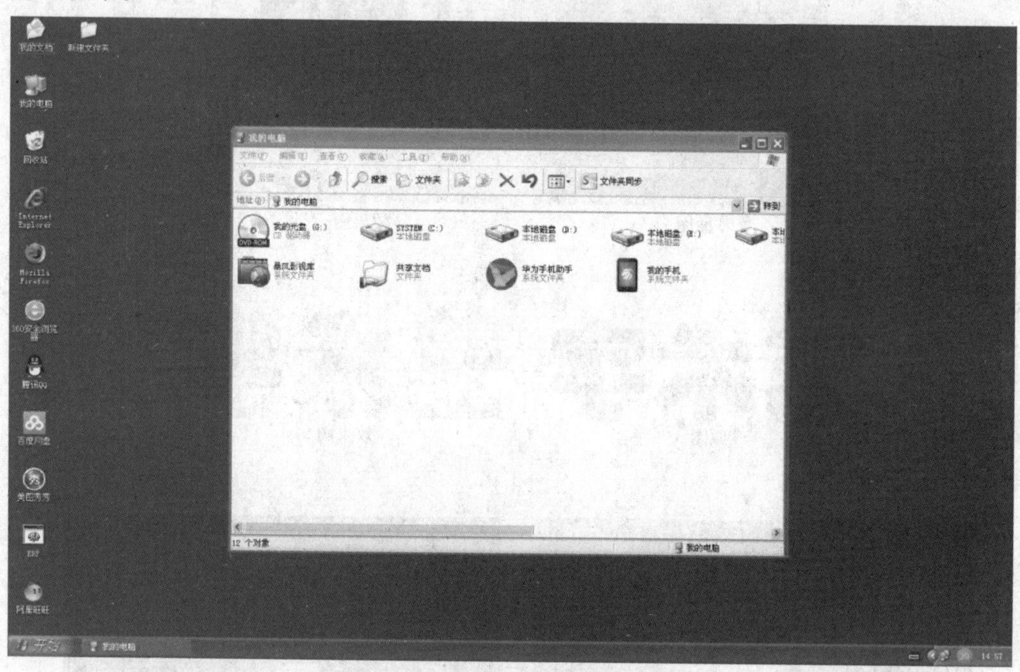

图 4-12

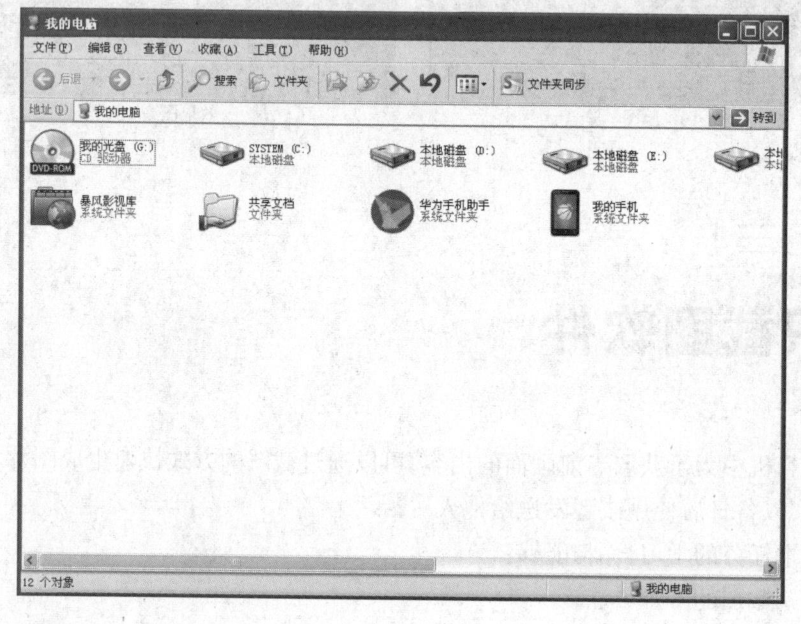

图 4-13

2.使用即时通信软件附带的截图功能

登录即时通信软件(如QQ),单击相应的截图按钮,就可以进入截图界面,截取任意大小的画面。

3.使用截图软件

在很多时候,清晰准确的截图对用户来说非常重要,系统自带的截屏功能和即时通信软件的截图功能虽然能满足一些简单的需求,但截图方式不够灵活,而且图像清晰度也不够高。专门的截图软件可以为用户提供更加便捷的截图方式和更清晰的图片,同时还具有简单的图片编辑功能,更能满足用户的需求。

活动二　认识常用的截图软件

1.SPX 截图工具

SPX 截图工具是一款操作简单的屏幕截图软件,支持鼠标和快捷键两种捕捉方式,支持手绘、矩形、窗口三种捕捉范围,捕捉后的图片默认保存到桌面,设置页面如图4-14所示。软件在运行时只在任务栏出现一个小图标,不带任何主体窗口,支持保存为BMP、JPG、PNG、GIF格式。

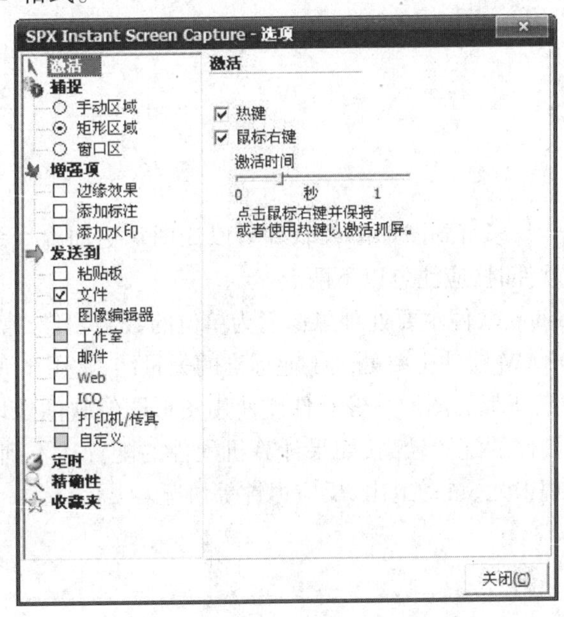

图 4-14

使用方法:将鼠标移到任务栏的小图标上,按住右键一段时间后,鼠标会变成“十”字形,放开右键,按住鼠标左键框选要截取的区域,放开左键后会自动弹出保存页面,保存即可。

2.FastStone Capture

FastStone Capture 是一款极好用的图像浏览、编辑和截图软件,支持BMP、JPG、JPEG、GIF、PNG、TIFF、WMF、ICO和TGA在内的主流图片格式,其独有的光滑和毛刺处理技术让图片更加清晰,提供缩放、旋转、剪切、颜色调整等功能。

FastStone Capture 已经支持固定区域截图和重复上次截取功能,也增强了滚动窗口截图性能。除此之外,FastStone Capture 还提供了实用小工具,如屏幕录像机、屏幕放大镜、屏幕取色器、屏幕标尺、屏幕十字线等。FastStone Capture 的设置界面如图 4-15 所示。

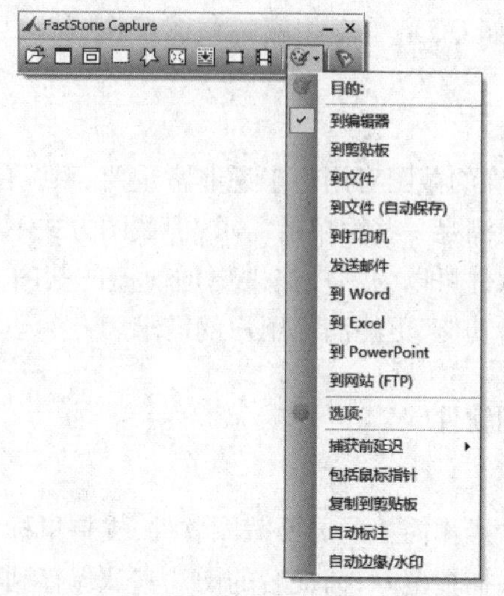

图 4-15

模块小结

通过本模块的学习,了解到图形图像软件可以让图片更加绚烂多彩,但是在安装、选择、使用图形图像软件时,应注意以下两点:

(1)Adobe Photoshop 软件主要处理以像素为单位的数字图像,常用于处理照片,进行图像合成。CorelDRAW 软件主要处理工业标准的矢量图,常用于海报、插画的制作。

(2)如果要安装最新版的图形图像软件或使用图形图像软件处理高精度的商用图片,往往需要计算机硬件的配置较高,如果计算机硬件的配置达不到要求,在处理图片的过程中,就容易出现卡死、自动退出、反应迟钝等情况。

自我测试

(1)使用美图秀秀完成 5 张图片的拼图,并且加入文字描述。

(2)使用系统自带的截屏键截取一张图片。

(3)使用 QQ 软件截图功能的快捷键截取一张图片。

(4)安装一款截图软件,使用其截取一张图片。

(5)安装 ACDSee 看图软件,对一个文件夹中的所有图片进行整体更名,同时附加说明。

模块五

音视频编辑软件

音频与视频作为当今社会信息传递的主要方式，已经完全融入了人们的工作与生活。人们在接收到大量的音视频信息后，还应学会根据自己的需求对音视频文件进行简单的处理，以方便使用。

[任务一]

NO.1

认识格式转换软件和视频播放软件

因为应用场景的需要或者软件的操作限制,用户常常需要使用不同格式的音视频文件,有了格式转换软件,就可以轻松完成各种格式文件间的互相转换,大大方便了用户的使用。

通过本任务的学习,你将能够:

- 了解数字音频与数字视频;
- 了解常用的数字音频和视频格式;
- 认识常用的格式转换软件;
- 认识视频播放软件。

活动一 了解数字音频和数字视频

1.什么是数字音频

数字音频是以数字形式保存的音频。在存储数字音频时,是将声音转化成电平信号,再将电平信号转化成二进制数据进行保存;在播放数字音频时,是把数据转换为模拟的电平信号送到喇叭播出。

数字音频技术是一种利用数字化手段对声音进行录制、存放、编辑、压缩或播放的技术,它是随着数字信号处理技术、计算机技术、多媒体技术的发展而形成的一种全新的声音处理手段。

数字音频具有存储方便、存储成本低廉、存储和传输的过程中没有声音的失真、编辑方便等特点。

2.常见的数字音频格式

- CD:标准 CD 格式是 44.1 kHz 的采样频率,88 KB/s 的速率,16 位量化位数。CD 音轨可以说是近似无损的,因此它的声音基本上是忠于原声的,音质比较好。
- WAV:微软公司开发的一种声音文件格式,用于保存 Windows 平台的音频信息资源,被 Windows 平台及其应用程序所支持。WAV 格式支持多种压缩算法,支持多种音频位数、采样频率和声道。标准格式的 WAV 文件和 CD 格式一样,也是 44.1 kHz 的采样频率,是目前个人计算机上广为流行的声音文件格式。

• MP3:MPEG 标准中的音频部分,也就是 MPEG 音频层。MPEG 音频文件的压缩是一种有损压缩,MP3 音频编码具有 10∶1~12∶1的高压缩率,同时基本保持低音频部分不失真,但是牺牲了声音文件中 12~16 kHz 高音频这部分的质量来换取文件的尺寸,相同长度的音乐文件,用 MP3 格式来储存,一般只有 WAV 文件的 1/10,因而其音质要次于 CD 格式或 WAV 格式的声音文件。

• RA:RealNetworks 公司所开发的一种新型流式音频 Real Audio 文件格式,是一种可以在网络上实时传送和播放的音频格式。该格式的特点是可以随网络带宽的不同而改变声音的质量,在保证能听到流畅声音的前提下,可以为带宽富裕的听众提供更好音质的声音。

• MID:由 MIDI(Musical Instrument Digital Interface,乐器数字接口)继承而来。MID 文件并不是一段录制好的声音,而是记录声音的信息,然后再告诉声卡如何再现音乐的一组指令。MID 格式主要用于电脑作曲领域。

• AIFF:苹果电脑上面的标准音频格式,它支持多种压缩技术,属于 QuickTime 技术的一部分。AIFF 格式在多媒体制作领域应用较多,大部分音频编辑软件和播放软件都支持 AIFF 格式。

3.什么是数字视频

数字视频是以数字形式保存的视频。数字视频是先用摄像机之类的视频捕捉设备,将外界影像的颜色和亮度信息转变为电信号,再将电信号转变成二进制数据进行保存。

4.常见的数字视频格式

• AVI:音频视频交错(Audio Video Interleaved)的英文缩写,是由微软公司开发的视频格式。AVI 格式调用方便、图像质量好、压缩标准可任意选择,是应用最广泛,也是应用时间最长的格式之一。

• MOV:即 QuickTime 影片格式,是 Apple 公司开发的一种音频、视频文件格式,用于存储常用的数字媒体。MOV 格式是一种流式视频格式,被众多的多媒体编辑及视频处理软件所支持。

• WMV:微软公司开发的一系列视频编解码和其相关的视频编码格式的统称。在同等视频质量的情况下,WMV 格式的文件可以边下载边播放,因此很适合在网上播放和传输。

• FLV:一种流媒体格式,是随着 Flash MX 的推出发展而来的视频格式。由于它形成的文件极小、加载速度极快,非常适合在网络上播放,它的出现有效地解决了视频文件导入 Flash 后,使导出的 SWF 文件体积庞大,不能在网络上很好地使用等问题。

• F4V：作为一种更小、更清晰、更有利于在网络上传播的流媒体格式，F4V 已经逐渐取代了 FLV，也被大多数主流播放器兼容。

• RMVB：由流媒体的 RM 影片格式升级延伸而来，可以改变静态画面的比特率，从而提高画面的质量，并且还有出色的压缩编码方式，文件的容量较小。

• MP4：一种使用 MPEG-4 标准的多媒体格式，具有兼容性好、播放流畅的特点，还可通过特殊的技术实现数码版权保护。

活动二　认识常见的格式转换软件

1.狸窝全能视频转换器

狸窝全能视频转换器是一款功能强大、界面友好的全能型视频转换及编辑软件。它支持 RMVB、3GP、MP4、AVI、FLV、F4V、MPG、VOB、DAT、WMV、ASF、MKV、DV、MOV、TS 等视频格式之间的相互转换，也能将视频转换为手机、iPod、PSP、iPad、MP4 机等移动设备支持的视频格式。狸窝全能视频转换器还具有视频裁剪、视频合并、添加水印、调节亮度等视频编辑功能。狸窝全能视频转换器的主界面如图 5-1 所示。

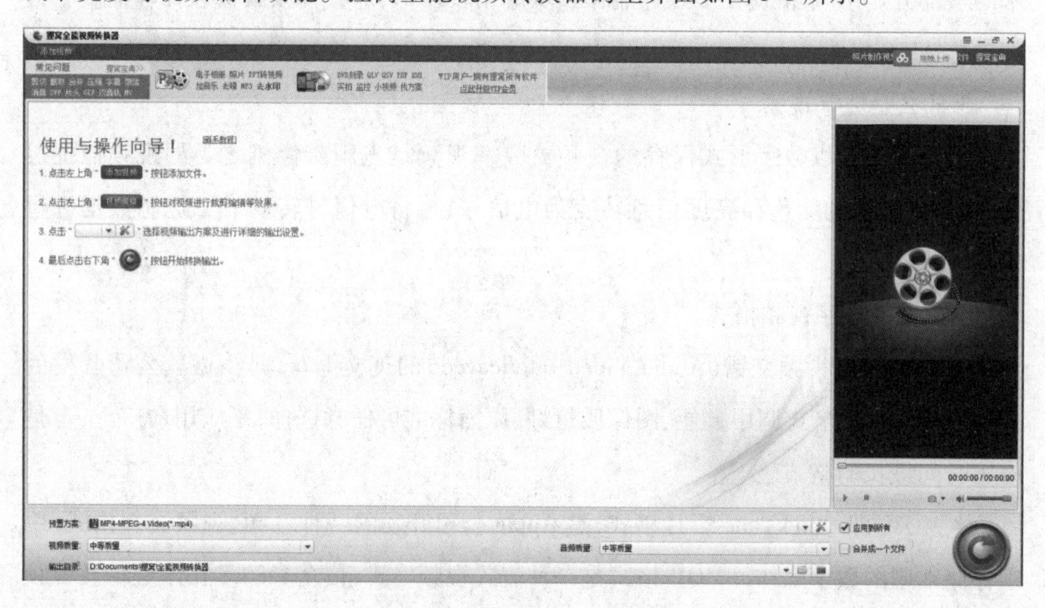

图 5-1

2.超级转换秀

超级转换秀是一款集视频转换、音频转换、CD 抓轨、音视频混合转换、音视频切割、驳接转换、叠加视频水印、叠加滚动字幕、个性文字添加等于一体的格式转换软件。超级转换秀的主界面如图 5-2 所示。

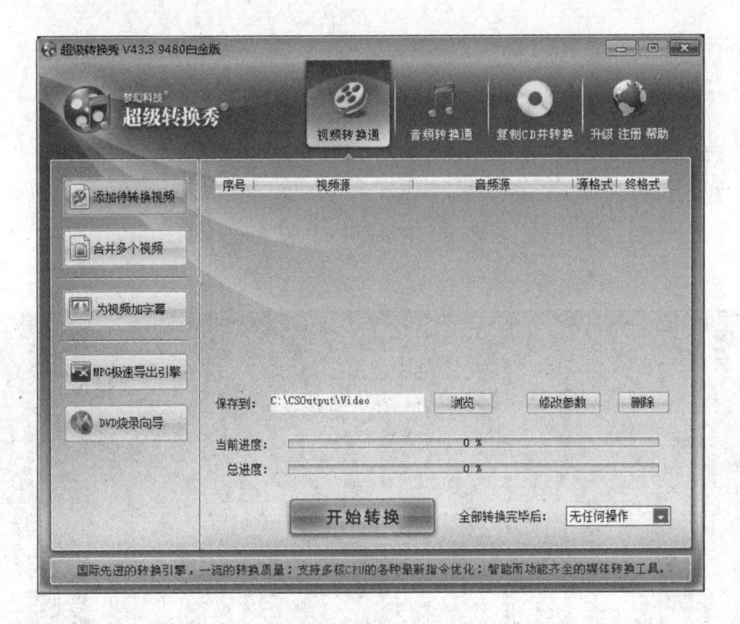

图 5-2

3.格式工厂

格式工厂是一款免费的多媒体文件转换软件。格式工厂几乎支持所有类型的多媒体格式，功能强大，且操作简便，其主界面如图 5-3 所示。

格式转换

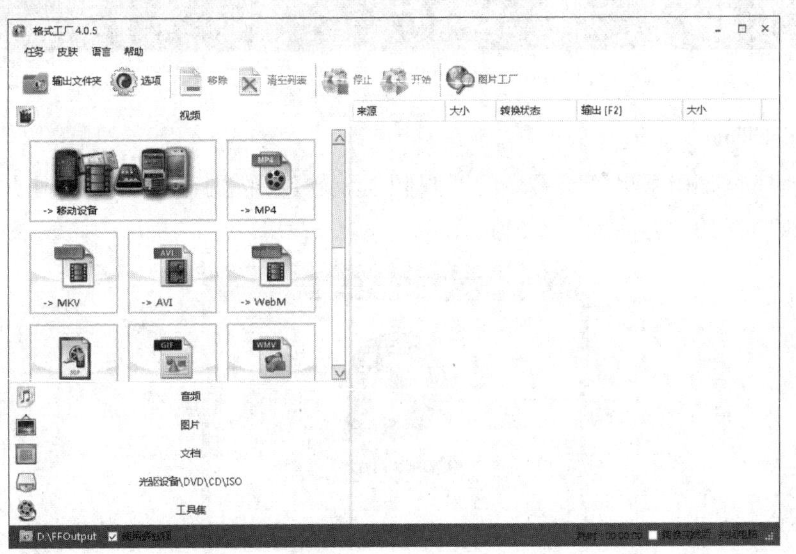

图 5-3

活动三　认识视频播放软件

视频播放软件是指能播放以数字信号形式存储的视频的软件。大多数视频播放软件携带有解码器，用于还原经过压缩的媒体文件，还会内置一整套转换频率以及缓冲的算法。大多数视频播放软件还能支持播放音频文件。

1.KMPlayer

KMPlayer 是将网络上几乎所有能见得到的解码程式全部收集于一身的影音播放软件。通过 KMPlayer 的音效控制面板,可在标准、3D 环绕、高音增强、重低音、立体声缩混、晶化等不同声效中进行选择和切换。通过 KMPlayer 的视频控制面板可以对亮度、饱和度、对比度等画质指标进行调节。KMPlayer 的主界面如图 5-4 所示。

图 5-4

2.QuickTime

QuickTime 是由苹果公司出品的音视频播放软件,特别适合播放高画质的视频文件。QuickTime 的主界面如图 5-5 所示。

图 5-5

[任务二]

NO.2

认识视频编辑软件

当今社会，只要你有一部可以录像的手机或摄影机、适当的软件和创作的欲望，你便可以制作一段效果非凡的、独特的视频影片。视频编辑软件的出现，让任何人都可以坐在计算机前，制作出视频影片。

通过本任务的学习，你将能够：

- 了解视频编辑软件的主要功能；
- 认识常用的视频编辑软件。

活动　了解视频编辑软件

视频编辑软件是对视频源进行非线性编辑的软件。视频编辑软件将加入的图片、背景音乐、特效、场景等素材与原视频进行重新混合，对视频源进行切割、合并，通过二次编码，生成具有不同表现力的新视频。

1. Adobe Premiere

Adobe Premiere 是一款易学、高效、精确的视频编辑软件，受到众多用户的青睐。Premiere 提供了采集、剪辑、调色、美化音频、字幕添加、输出、DVD 刻录等多项功能，并和其他 Adobe 软件高效集成，足以满足普通用户在视频编辑方面的需求，制作出高质量的视频。Adobe Premiere 的主界面如图 5-6 所示。

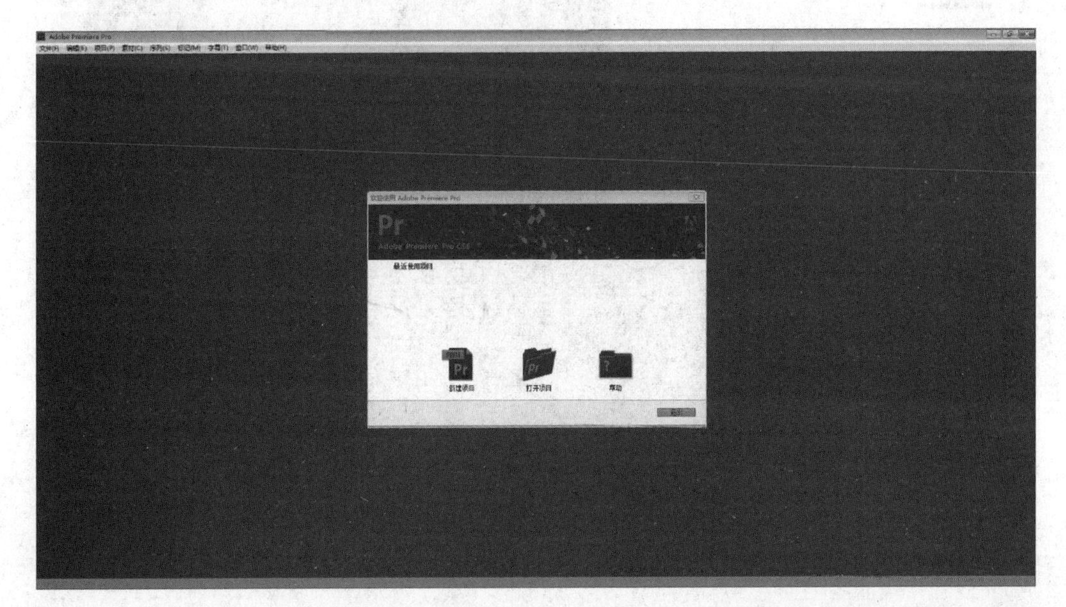

图 5-6

2.Camtasia Studio

Camtasia Studio 是一款屏幕录像和视频编辑软件，它提供了强大的屏幕录像、视频剪辑、视频菜单制作、视频剧场和视频播放等功能。Camtasia Studio 的主界面如图 5-7 所示。

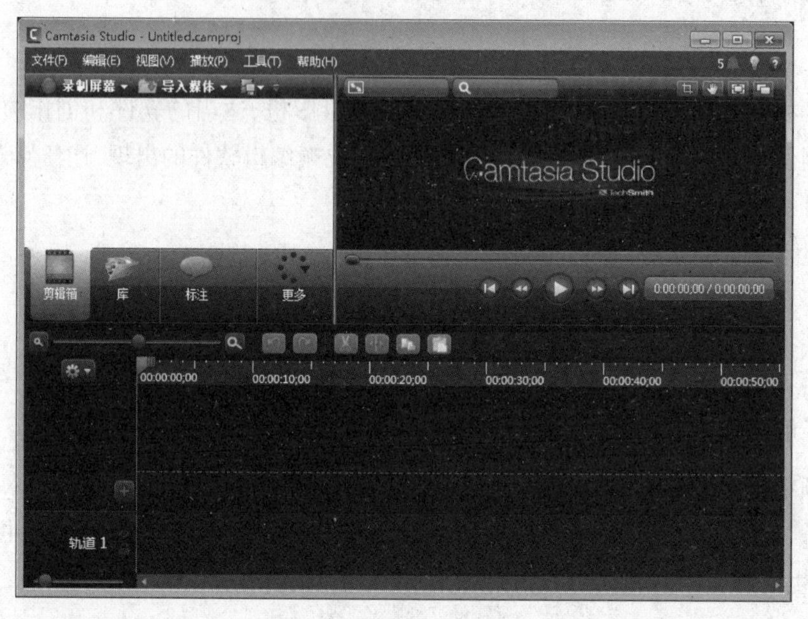

图 5-7

使用 Camtasia Studio 进行视频剪辑的界面如图 5-8 所示。

图 5-8

使用 Camtasia Studio 为视频添加字幕的界面如图 5-9 所示。

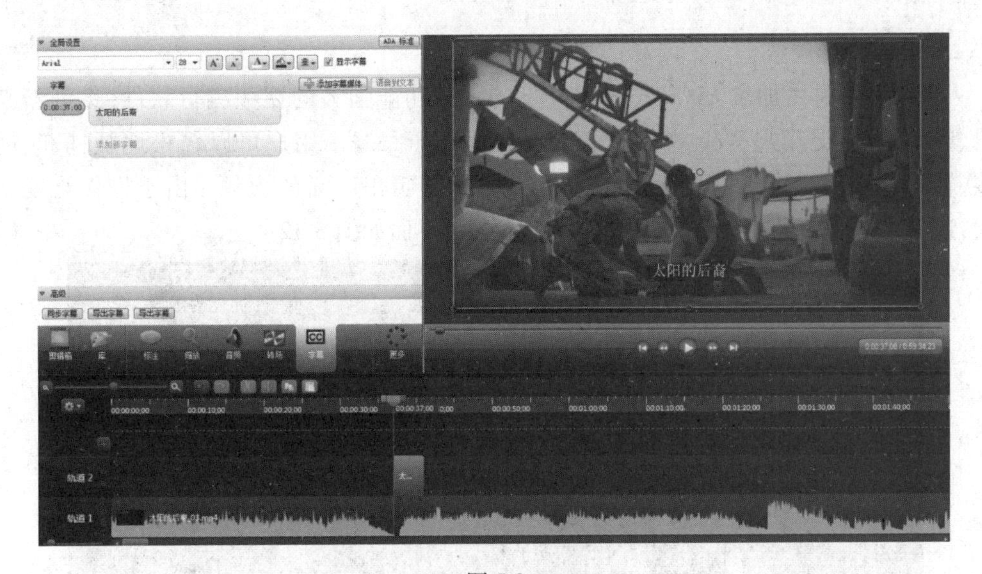

图 5-9

使用 Camtasia Studio 为视频添加音乐的界面如图 5-10 所示。

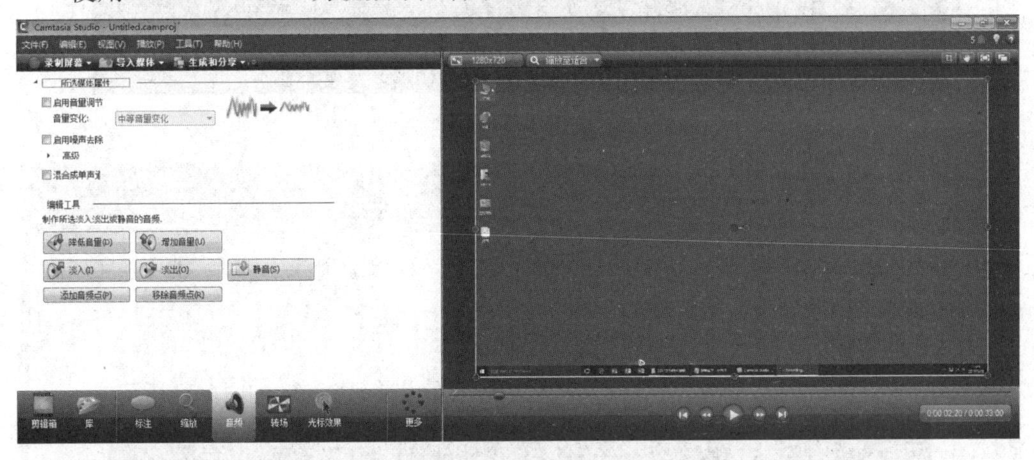

图 5-10

使用 Camtasia Studio 为视频添加转场效果的界面如图 5-11 所示。

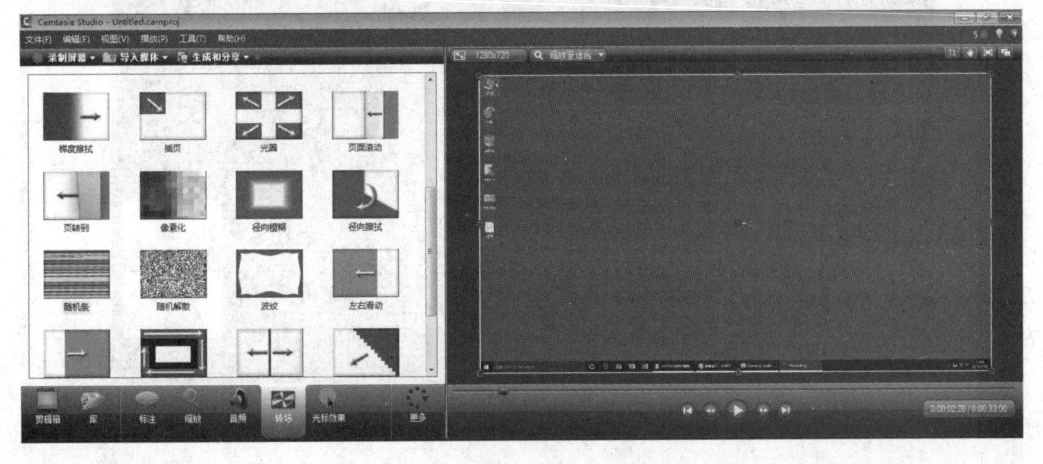

图 5-11

3.会声会影

会声会影是由加拿大 Corel 公司开发的一款功能强大的视频编辑软件,集创新编辑、屏幕录制、交互式 Web 视频和各种光盘制作于一身。用户可以轻松地从捕获、剪接、转场、特效、复叠、字幕、配乐到刻录,全方位剪辑出所需的视频。由于操作难度不大,适合视频剪辑的初学者使用。会声会影的主界面如图 5-12 所示。

图 5-12

知识拓展

使用视频播放软件(如迅雷看看)提供的截取与转码功能、GIF 截图功能,就可以完成简单的视频剪辑与转码、GIF 图片制作。

1.视频剪辑

(1)单击功能按钮,在弹出的快捷菜单中选择“截取与转码”命令,如图 5-13 所示。

图 5-13

（2）打开“截取与转码”窗口，可拖动滑块选择需要截取的视频部分，然后单击“保存”按钮，如图 5-14 所示。

图 5-14

（3）在保存窗口中，如果要保存转码视频，可选择 mp4、wmv、3gp、flv 格式，如图 5-15 所示；如果要保存无损文件，可选择 rmvb、mkv 格式，如图 5-16 所示；如果要只保存音频文件，可选择 mp3、wma 格式，如图 5-17 所示。

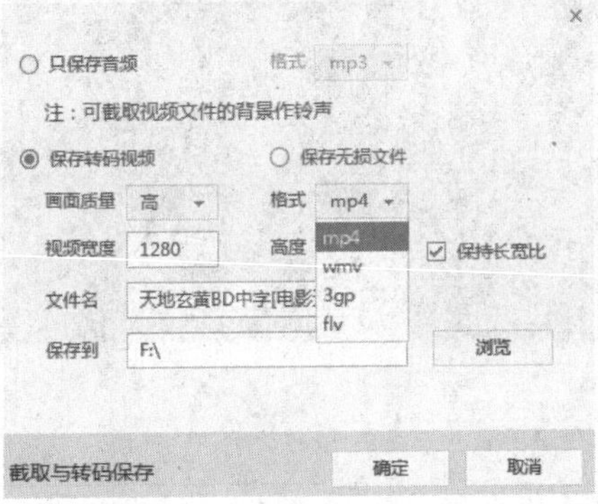

图 5-15

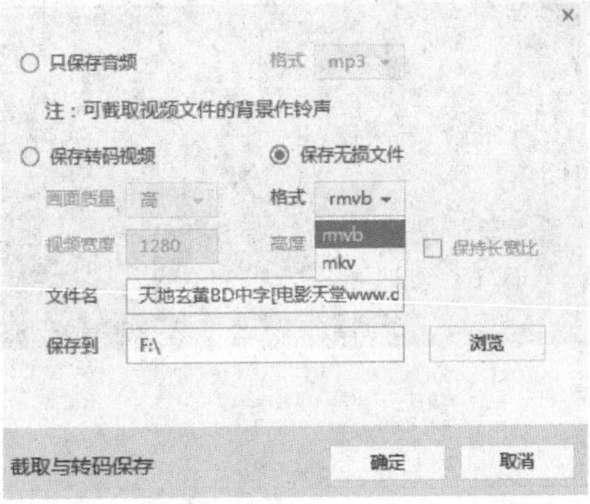

图 5-16

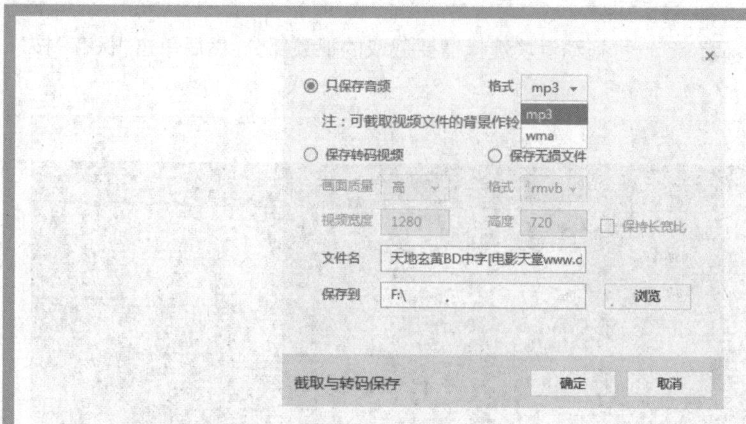

图 5-17

2.制作 GIF 图片

单击功能按钮，在弹出的快捷菜单中选择“GIF 截图”命令，打开“GIF 截图”窗口，拖动滑块选择视频的时长，设置“截取间隔”等选项后，单击“保存”按钮就可以完成制作，如图5-18所示。

图 5-18

［任务三］ NO.3

认识语音朗读软件与变声软件

人们的生活节奏越来越快，越来越没有足够的时间通过阅读去获取信息，语音朗读软件的出现能够帮助人们更快地了解文字内容，也能让人在听内容的同时完成其他的事情。不同的声音有不同的表达力和感染力，变声软件可以让声音呈现出更多样的效果。

通过本任务的学习，你将能够：

- 认识常见的语音朗读软件；
- 认识常见的变声软件。

活动一　认识常见的语音朗读软件

语音朗读软件就是将文字转换成语音进行播放的软件，常用于听小说、学习资料、新闻等。

1.文字转语音播音系统

文字转语音播音系统可以朗读任意的中文、英文、韩文、日文等文字内容，效果清晰、声音流畅、自然，支持男声、女声等多种音色，可以调整音量、语调、语速，还能添加背景音乐，让朗读效果更具特色。文字转语音播音系统的主界面如图 5-19 所示。

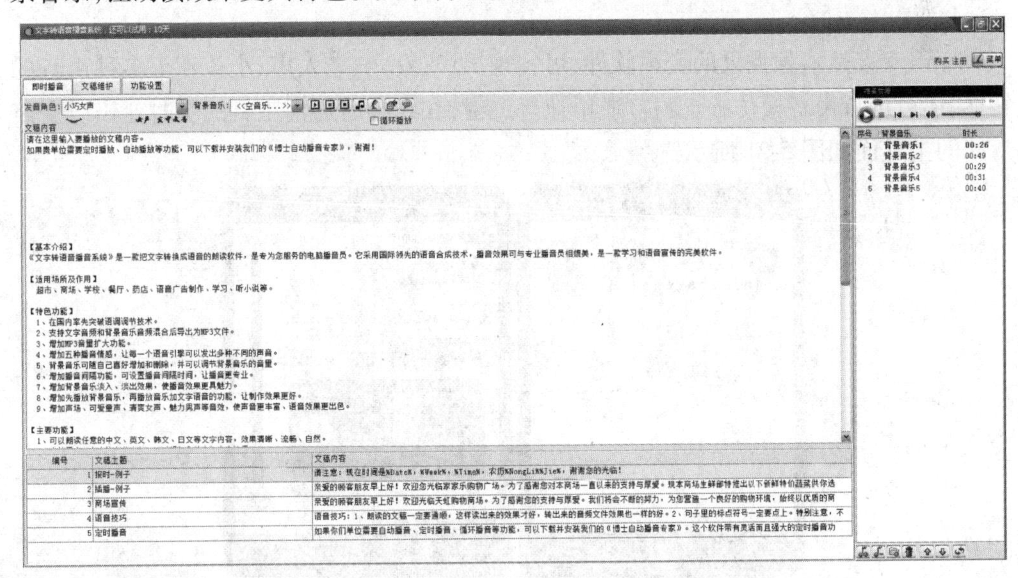

图 5-19

2.朗读女

朗读女是一款简单且免费的语音朗读软件，无须安装，可通过监视剪切板、输入文字、导入外部文字等方式将文字输入软件开始朗读，还可将读出的语音内容保存为 mp3 等音频格式。朗读女的主界面如图 5-20 所示。

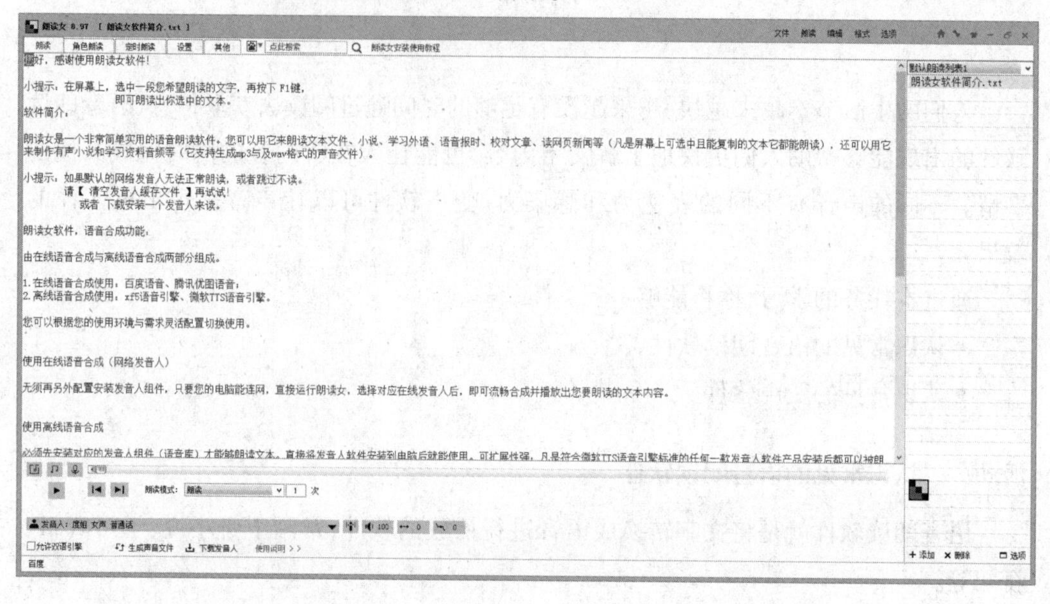

图 5-20

活动二 认识常见的变声软件

变声软件就是对声音进行变声处理的软件。

1.变声专家

变声专家是一款强大的变声软件，可实现男声、女声、老人声、小孩声等多种声音的转换，还可进行声音模仿，改变音调、语速等，支持在线即时通信工具的实时变声。变声专家的主界面如图 5-21 所示。

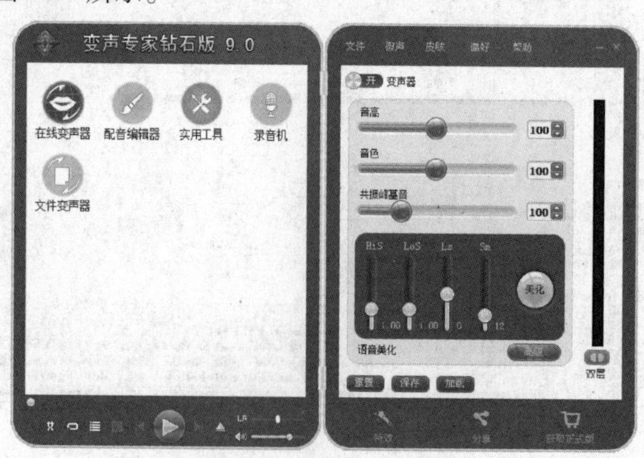

图 5-21

2.混录天王

混录天王是梦幻科技有限公司推出的一款录音、混音软件，支持无限制式多格式录音并且在录音过程中还允许对声音进行男女变声处理，支持对一段音频进行裁剪及混音处理。混录天王的主界面如图 5-22 所示。

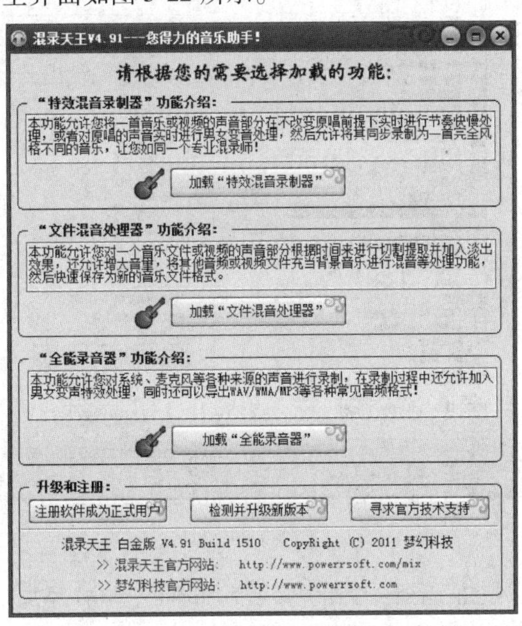

图 5-22

知识拓展

使用 Word 将文字转换成语音文件

（1）在 Word 中，右击“开始”选项卡，选择“自定义功能区”命令，如图 5-23 所示。

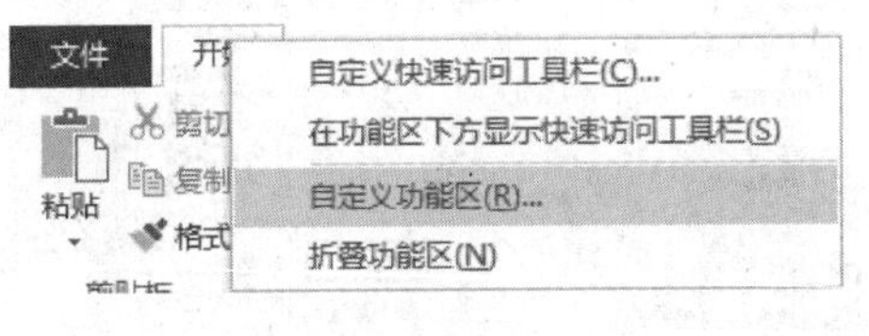

图 5-23

（2）打开“Word 选项”对话框，在“从下列位置选择命令”列表框中选择“不在功能区中的命令”，在下面的选项框中选择“朗读”，如图 5-24 所示。

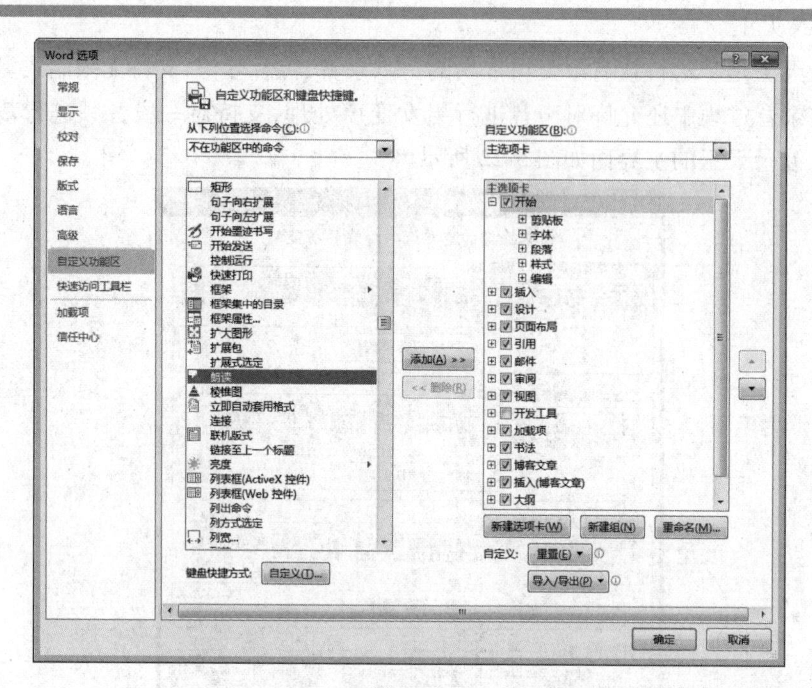

图 5-24

(3)单击“新建组”按钮，新建一个组并命名为“Read”，单击“添加”按钮，将“朗读命”令添加到选项卡里，单击“确定”按钮，如图 5-25 所示。

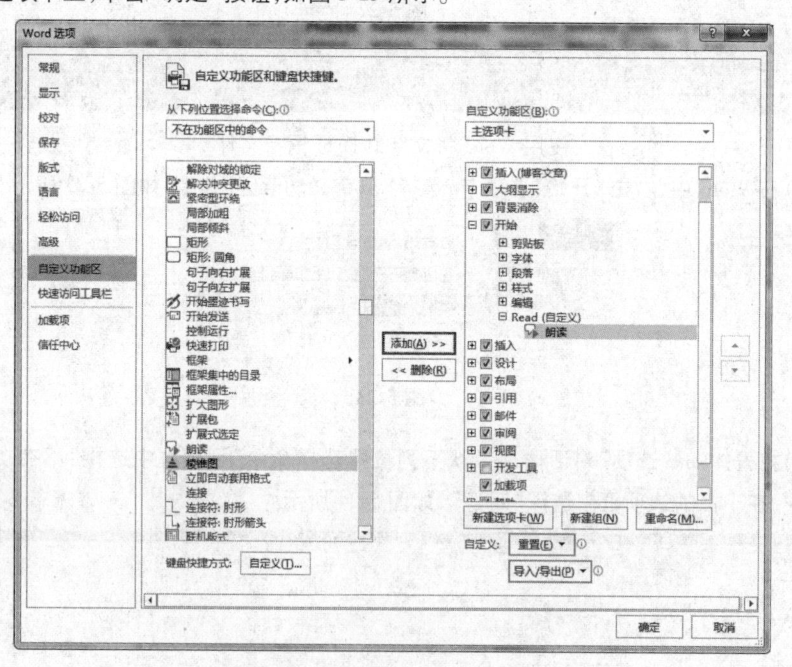

图 5-25

(4)在“开始”选项卡下会显示出“朗读”命令,如图 5-26 所示,使用该命令即可朗读文字,同时用录屏软件录制朗读的声音,就可得到语音文件。

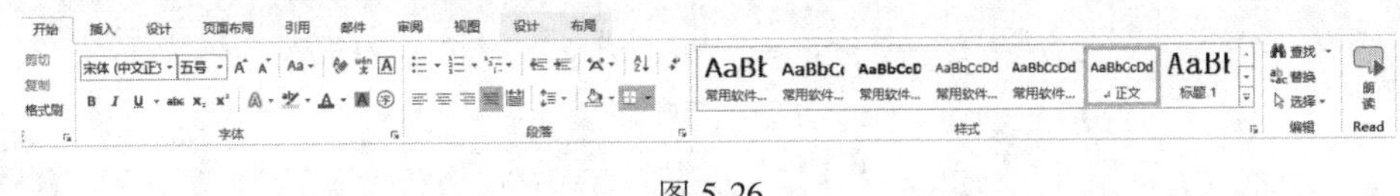

图 5-26

模块小结

通过本模块的学习,了解到格式转换软件可以将音视频文件转换成用户需要的格式,视频编辑软件可以让视频内容更丰富、精彩,但在使用过程中应该注意以下两点:

(1)在使用格式转换软件时,应注意转换文件的格式及参数设置,错误的参数设置会降低输出内容的质量。

(2)在使用视频编辑软件时,应注意视频制式,我国通常使用 PAL 制,同时还需要注意视频的分辨率与码率等,这些都将直接影响视频的质量。

自我测试

(1)请用视频编辑软件 Camtasia Studio 完成一段 3 分钟的屏幕录制,并进行剪辑、配音,加入片头与片尾。

(2)使用朗读软件,获取《乡愁》的语音版本。

(3)用手机录制一段生活视频,再利用视频编辑软件添加特效。

(4)用手机录制一段音频,用变声软件实现变声效果。

模块六

网络应用软件与手机软件

由于计算机网络的普及，出现了大量的网络应用软件为人们的工作、生活和学习服务，受到了人们的欢迎。随着移动互联网的发展，手机已经不再是一个单纯的通信工具，大量的手机软件使得手机成了一个可以满足人们各种需求的移动终端。

[任务一]

NO.1

认识网络应用软件

网络应用软件是指能够为网络用户提供各种服务的软件。网络应用软件已经广泛应用于人们的各项活动。常用的网络应用软件包括在线视频软件、即时通信软件、浏览器软件、音乐软件、云盘存储软件等。

通过本任务的学习,你将能够:

- 认识在线视频软件;
- 认识即时通信软件;
- 认识浏览器软件;
- 认识音乐软件;
- 认识云盘存储软件。

活动一　认识在线视频软件

在线视频软件拥有海量高清影视内容,支持直播与点播功能,可在线观看电影、电视剧、动漫等。常见的在线视频软件有腾讯视频、爱奇艺、优酷等。

1.腾讯视频

腾讯视频(见图 6-1)由腾讯科技有限公司开发,于 2011 年 4 月正式上线运营。腾

图 6-1

讯视频包括了电影、电视剧、综艺、动漫、纪实、体育等各种类型的视频内容，除了为所有用户提供各类免费视频内容外，还为会员提供了专属的视频内容。

2.爱奇艺

爱奇艺（见图 6-2）现为百度公司旗下的在线视频软件，于 2010 年 4 月 22 日正式上线。爱奇艺秉承“悦享品质”的品牌口号，积极推动产品、技术、内容、营销等全方位创新，为用户提供丰富、高清、流畅的专业视频体验，致力于让人们平等、便捷地获得更多、更好的视频。

图 6-2

3.优酷

优酷（见图 6-3）现为阿里巴巴文化娱乐集团旗下的在线视频软件，视频内容涵盖电影、电视、综艺、体育、纪实等各种类型，并且也在努力打造自己独有的视频内容。

图 6-3

活动二　认识即时通信软件

即时通信软件支持在线文字聊天、语音聊天、视频聊天，可以设置好友分组，创建群组，实现多人交流与分享。常见的即时通信软件有QQ、微信等。

1.QQ

QQ（见图6-4）是由腾讯科技有限公司自主开发的基于Internet的即时通信软件，是我国最流行的即时通信软件，功能日益丰富。

图6-4

2.微信

微信是腾讯科技有限公司于2011年1月21日推出的一个为智能终端提供即时通信服务的免费软件。微信的电脑版（见图6-5）可以实现手机微信的大部分功能，也是人们经常使用的交流工具。

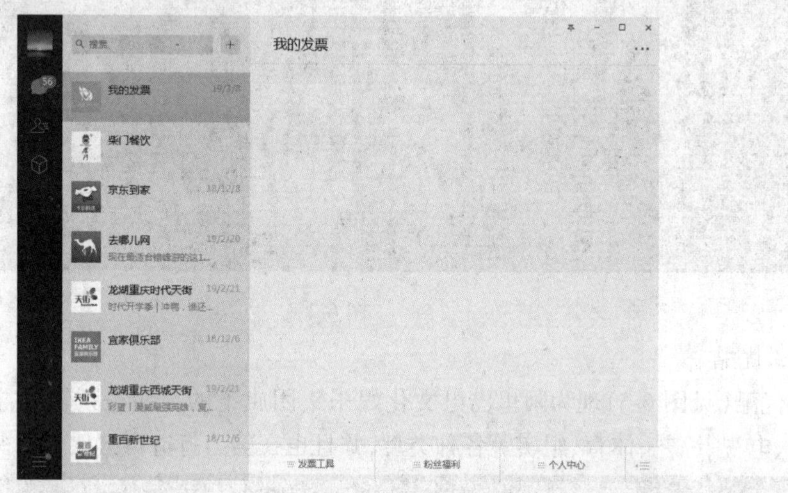

图6-5

活动三　认识浏览器软件

浏览器软件帮助用户浏览网页中的信息。常见的浏览器有Internet Explorer、Google Chrome、Mozilla Firefox等。

1.Internet Explorer

Internet Explorer（见图6-6）是微软公司推出的一款网页浏览器，是Windows系统自带的浏览器，使用最为广泛。

图 6-6

2.Google Chrome

Google Chrome(见图 6-7)是一款由 Google 公司开发的网页浏览器。Google Chrome 的特点是简洁、快速,并且支持多标签浏览,每个标签页面都在独立的"沙箱"内运行,提高了安全性和稳定性。

图 6-7

3.Mozilla Firefox

Mozilla Firefox(见图 6-8),中文俗称"火狐",是一个自由及开放源代码的网页浏览器,使用 Gecko 排版引擎,支持多种操作系统,如 Windows、Mac OS X 和 Linux 等。

图 6-8

注意:许多网站在发布给用户时指定了用于打开网站的浏览器软件,用户要使用指定的浏览器进入网站,这样才能保证可以成功登录并且获取完整的网站内容。

活动四　认识音乐软件

音乐软件拥有海量的音乐内容,支持在线收听与本地播放。常见的音乐软件有 QQ 音乐、酷狗、网易云音乐等。

1.QQ 音乐

QQ 音乐是腾讯科技有限公司推出的一款在线音乐软件,主界面如图 6-9 所示。使用 QQ 音乐听歌时,用户的 QQ 好友可以看到用户当前收听的是什么歌曲。

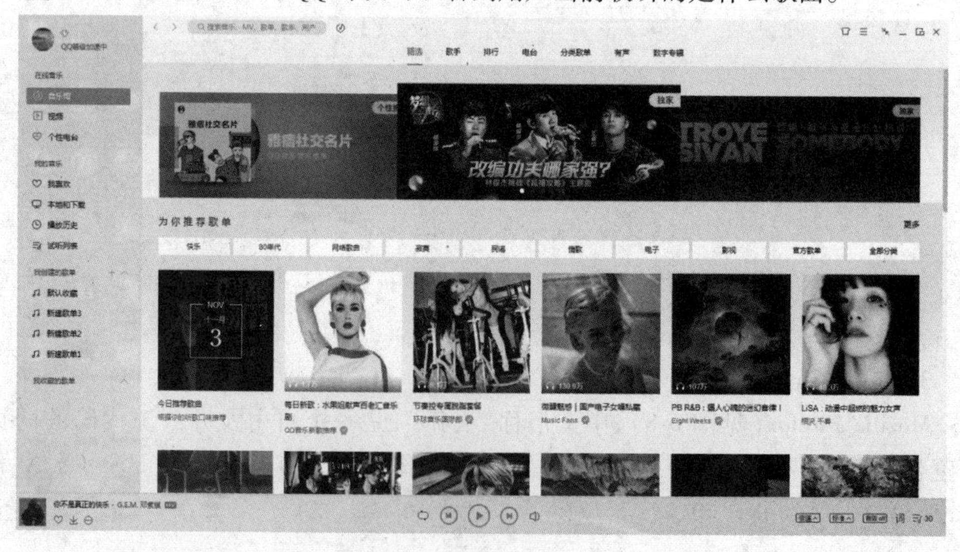

图 6-9

2.酷狗音乐

酷狗音乐由广州酷狗计算机科技有限公司开发,在主界面的窗口中可以看到有

"乐库""电台""歌单""MV""直播""KTV""歌词"六大标签，汇集了最新的流行音乐资讯及歌曲，如图 6-10 所示。该软件还拥有听歌识曲的功能。

图 6-10

活动五　认识云盘存储软件

云盘存储软件提供的服务就是云存储，可以将本机数据通过网络上传到网络服务器中，只要在有网络的地方就可以随时获取网络服务器中的资源。常见的云盘有百度网盘、腾讯微云。

1.百度网盘

百度网盘是百度公司面向个人用户提供网盘存储服务的平台，如图 6-11 所示。百度网盘首次注册后即可有机会获得 1TB 的存储空间，如需更多存储空间可支付相应费用进行升级。百度网盘还可以实现网络备份、同步、分享等功能。

图 6-11

2.腾讯微云

腾讯微云是腾讯科技有限公司为用户精心打造的一项智能云服务，如图 6-12 所示。用户可以通过微云方便地在手机和计算机之间同步文件、推送照片和传输数据。

用户可直接用QQ号进行登录,在腾讯微云上同步QQ聊天记录、音乐、邮箱、群共享文件等内容,用户可多端查看、下载、分享文件。

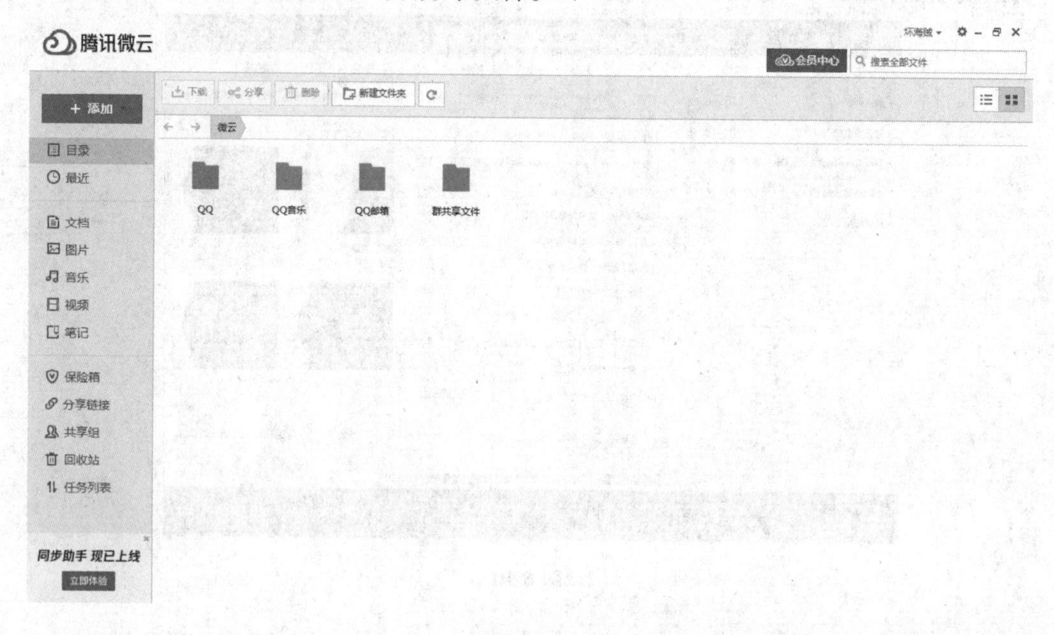

图 6-12

[任务二]

NO.2

认识手机软件

智能手机像个人电脑一样,具有独立的操作系统和存储空间。随着智能手机的普及与快速发展,手机上出现了大量的应用软件,能够及时为人们的工作、学习、娱乐等提供服务。

通过本任务的学习,你将能够:

- 认识便捷出行软件;
- 认识社交软件;
- 认识学习软件;
- 认识办公管理软件。

活动一 认识便捷出行软件

1.百度地图

百度地图为用户提供了包括智能路线规划、智能导航(驾车、步行、骑行)、实时路况等出行所需的相关信息,如图6-13所示。同类软件还有高德地图、谷歌地图等。

2.车来了

车来了是一款查询公交车实时位置的软件,它不仅能提供公交车的到站距离、预计到站时间等信息，还能显示整条公交线路的通行状况，让用户不再盲目等待，如图6-14所示。

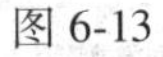
图 6-13

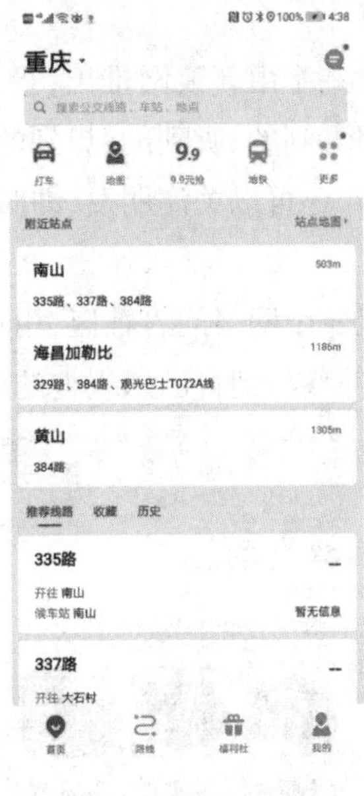

图 6-14

3.去哪儿旅行

去哪儿旅行为用户提供机票、酒店、度假产品、景点门票、保险的预订和购买，如图6-15所示。同类的软件还有携程、途牛等。

4.铁路12306

铁路12306是中国铁路客户服务中心推出的购票软件，向广大旅客提供列车信息查询、购票等服务，如图6-16所示。

图 6-15

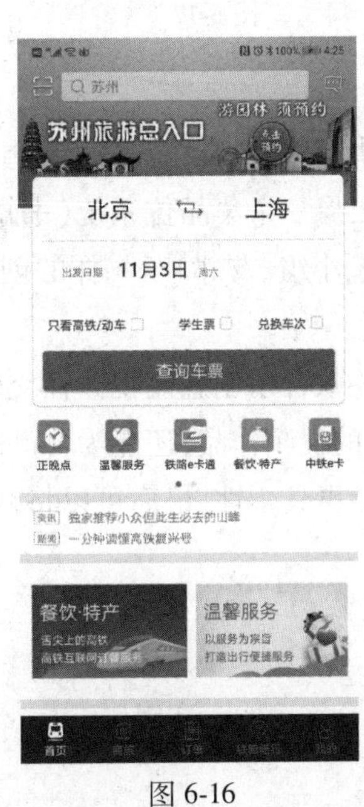

图 6-16

活动二　认识社交软件

1.微博

微博是一个由新浪网推出，提供简短实时信息分享、传播的社交媒体、网络平台。用户可以将看到的、听到的、想到的事情写成一句话，或发一张图片，通过手机随时随地分享给朋友，还可以关注朋友，即时看到朋友们发布的信息，如图 6-17 所示。

2.知乎

知乎是一个网络问答社区，用户既可在里面发布、关注、评论问题，还可通过分享、感谢、收藏等参与到自己感兴趣的话题中，如图 6-18 所示。

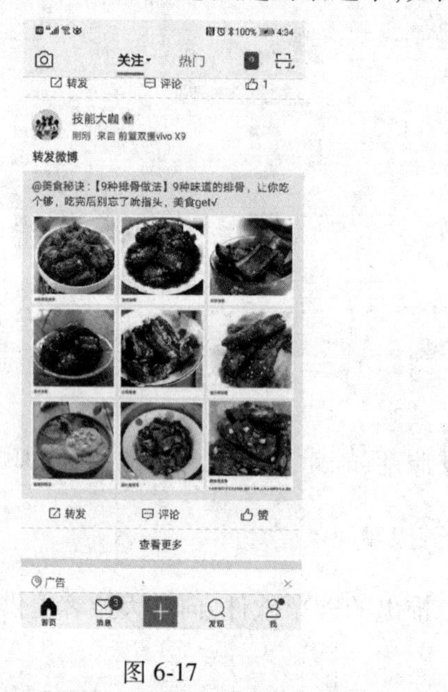

图 6-17

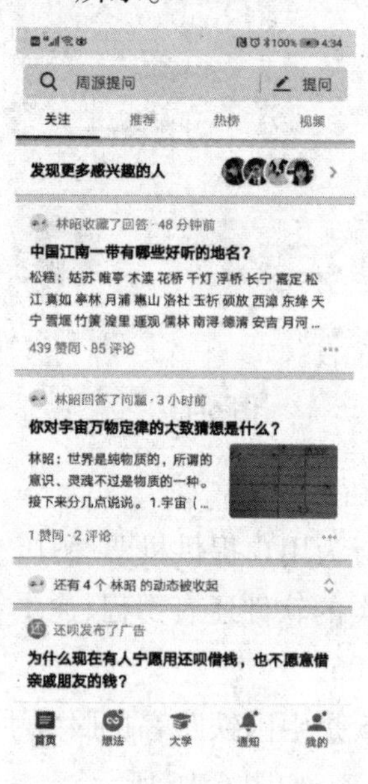

图 6-18

3.豆瓣

豆瓣提供书籍、电影、音乐的评论、推荐，还提供线下同城活动、小组话题交流等多种服务。它更像一个集品位系统（书籍、电影、音乐）、表达系统（我读、我看、我听）和交流系统（同城、小组、友邻）于一体的创新网络服务，如图 6-19 所示。

4.抖音

抖音是一款音乐创意短视频社交软件，用户可以选择歌曲，配以拍摄的简短视频画面，形成自己的视频作品，还能为自己的视频作品添加特效（反复、闪一下、慢镜头等），从而使得视频更具个性，最后可以将视频作品进行分享，如图 6-20 所示。

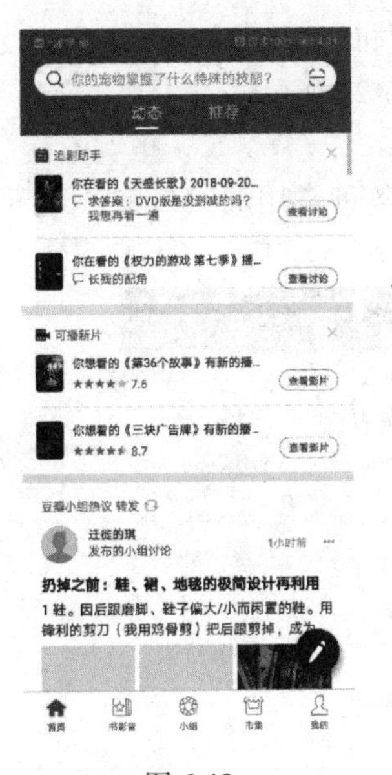

图 6-19

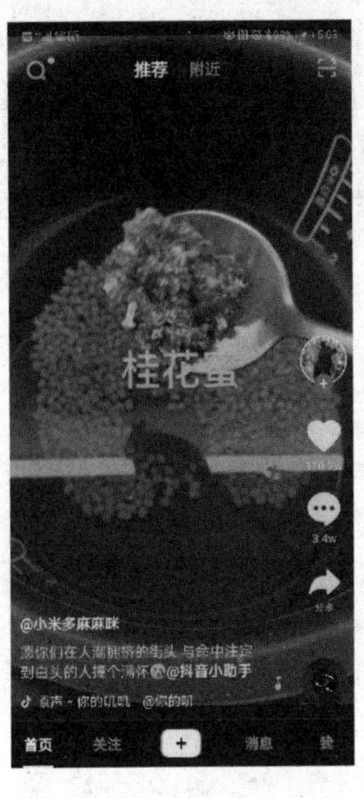

图 6-20

活动三　认识学习软件

1.百词斩

百词斩是针对英语学习开发的一款单词记忆软件，为每一个单词提供了趣味的配图和例句，让记单词成为一种乐趣，如图 6-21 所示。

2.网易公开课

网易公开课为用户提供了来自哈佛大学等世界级名校的公开课课程，内容涵盖人文、社会、艺术、科学、金融等领域，如图 6-22 所示。

图 6-21

图 6-22

活动四　认识办公管理软件

1.有道云笔记

有道云笔记具有分类整理、快速搜索、分类查找、安全备份云端笔记、文件实时自动同步等功能，能帮助用户轻松实现多地点办公，能与计算机双向同步，免去文件传输的烦恼，成为用户在工作和学习上的高效助手，如图 6-23 所示。

2.Office 编辑器

Office 编辑器支持在手机上查看、创建和编辑各种常用的 Office 文档，可以满足用户随时随地的办公需求，如图 6-24 所示。

图 6-23

图 6-24

知识拓展

常用购物软件：淘宝（图 6-25）、京东、唯品会等。

常用通信软件：微信（图 6-26）、易信等。

常用视听软件：喜马拉雅（图 6-27）、荔枝、网易云音乐等。

图 6-25

图 6-26

图 6-27

模块小结

通过本模块的学习，了解到有效选择和使用手机软件既可提高办公效率，还可解决生活中的难题，但是应注意以下几点：

(1)考虑手机的实际内存，安装切实需要的软件。

(2)定时对手机软件进行整理和清理，及时删除长时间未使用的软件。

(3)合理选择付费软件，不要盲目消费。

自我测试

(1)请向同学介绍一款学习类的手机软件，介绍的内容包括软件名称、功能、特点。

(2)请向同学介绍一款生活服务类的手机软件，介绍的内容包括软件名称、功能、特点。